纺织服装高等教育"十三五"部委级规划教材

U0163293

计算机测色配色
应用技术（2版）

王华清　主　编

薛桂萍　副主编

东华大学出版社

·上海·

内容提要

　　纺织品颜色的测量及配方的确定是纺织品的染整生产和贸易过程中的重要环节。本书以染整企业染色打样工作领域的工作任务和职业能力分析作为切入口，以纺织品测色配色工作过程为依托，以典型工作任务为主线，以提高学生的综合职业能力为目的，系统地介绍纺织品测色配色的基本知识和操作步骤。书中还包括以二维码方式提供的测色配色操作视频内容，便于学生和企业人员随时随地观摩，进而熟练掌握测色配色操作技术，教学形式更加生动和直观。同时，书中附有大量的实际操作图片和综合实训内容，使教学内容更加丰富，便于老师和学生的教与学。通过教学任务和综合实训的实施，较好地训练学生的实际操作技能，为不断提升学生的综合职业能力奠定基础。

　　本书可作为高职高专院校及中等职业学校染整技术专业的教学用书，也可作为高等院校独立学院轻化工程专业（染整工程）的教学指导用书，还可供染整行业的技术人员参考。

图书在版编目(CIP)数据

计算机测色配色应用技术/王华清主编. —2 版. —上海：
东华大学出版社,2020.8
ISBN 978-7-5669-1773-7

Ⅰ.①计… Ⅱ.①王… Ⅲ.①计算机应用—色度学—
高等职业教育—教材 Ⅳ.①O432.3

中国版本图书馆 CIP 数据核字(2020)第 143958 号

责任编辑：张　静
封面设计：魏依东

出　　　版：东华大学出版社(上海市延安西路 1882 号,200051)
出版社官网：http://dhupress.dhu.edu.cn
天猫旗舰店：http://dhdx.tmall.com
出版社邮箱：dhupress@dhu.edu.cn
营销中心：021-62193056　62373056　62379558
印　　　刷：句容市排印厂
开　　　本：787 mm×1092 mm　1/16　印张 13.25
字　　　数：331 千
版　　　次：2020 年 8 月第 2 版
印　　　次：2025 年 1 月第 2 次印刷
书　　　号：ISBN 978-7-5669-1773-7
定　　　价：59.00 元

序　言

在纺织品的染整生产和贸易过程中，纺织品颜色的的测量、评价、预测、控制及配方的确定是保证产品质量的重要环节。随着科学技术的不断发展，利用计算机测色配色仪对纺织品颜色进行准确的测量和评价，已得到纺织工业、服装加工业、染料制造业等领域的认可，特别是在纺织染整行业发展迅速。因此，计算机测色配色技术是染整企业发展必备的技术。计算机测色配色课程是纺织类高职院校染整技术专业的核心课程，该课程系统地介绍染整生产过程中颜色的测量和评价方法、颜色的数字化表达和传递、颜色配方的确定等内容。

本书主要包括颜色的基础知识、颜色的数字表示方法与输入、纺织品测色、染料与助剂性能的测定、计算机配色、利用 E-mail 传输 qtx 文档与文本文档等色样档案共六个项目。每个项目又分为多个任务。

本书由浙江纺织服装职业技术学院王华清老师任主编，广东职业技术学院薛桂萍任副主编。项目四中的任务三由薛桂萍老师编写，项目五中的任务二由维科集团特阔分公司的张文化工程师编写，其他内容均由王华清老师编写。全书由王华清老师统稿。

在本书编写过程中得到了多方的关心和指导，并参阅了国内许多知名专家及学者的专著。Datacolor 公司的张子涛博士提供了许多软件操作上的技术指导，DTC 科技（香港）有限公司提供了大量软件操作素材。在此一并向他们表示衷心的感谢。

限于编者水平，书中难免存在不妥和疏漏之处，望广大专家和读者批评指正。

编者
2020 年 6 月

课程设置指导

课程名称

计算机测色配色。

适用专业

染整技术。

总 学 时

36 学时＋2 周实训。

课程类型

理论实践一体化。

课程性质

本课程是高职高专染整技术专业的核心课程之一,也是专业必修课程,是专业课程体系的重要组成部分。

课程目的

通过本课程的学习,使学生:

(1) 掌握色彩基础知识及颜色的数字表示方法,能运用测色仪对客户订单进行颜色的转换与测量。

(2) 了解测色配色仪的组成及各部件的作用以及测色原理。

(3) 掌握色差、同色异谱指数、染色牢度等颜色品质管理的相关知识,能利用测色仪根据国际标准或国家标准对生产样与客户来样进行色差的测量、色变现象的评定与质量控制。

(4) 掌握颜色深度的相关知识,能采用测色仪对染料和助剂的性能进行评价。

(5) 解配色的原理,掌握配色的基本操作过程,能利用配色软件进行基础数据库的建立和配色处方的求取,并掌握配方选取的原则。

(6) 能利用母液调制机与自动滴液机熟练的进行染液的配制和小样仿样。

(7) 能利用配色软件对产品进行修色操作。

课程教学基本要求

(1) 教学资料,包括教学标准、授课计划、课程教学指南、项目任务书、项目评价表、教学课件、作业、视频等。通过各教学环节,重点培养学生实际操作的能力,提高学生分析问题、解决问题的能力和团队协作能力。

(2) 教学组织。全班分成若干小组,每组 4~6 人,确定组长人选。任务实施以小组为单位,经讨论、计划、决策及实施,共同完成任务。

(3) 课堂教学。采用"线上＋线下"混合式教学模式。

(4) 课程考核。为全面、客观地考核学生对本课程的学习情况,突出高职教育的特点,采用项目过程考核、综合实训(实践)、期末考核(理论)相结合的评价体系。项目过程考核涵盖项目任务的全过程,考核内容包括态度和情感、签到、讨论、作业和视频完成情况、任务方案制订和实施情况等方面,考核成绩由主讲教师和学生共同评定,该成绩占总成绩的 40%;综合实训成绩占 30%;期末考核主要采用理论知识考试的方式,考核成绩由主讲教师评定,该成绩占总成绩的 30%。

各项目的考核方式与考核标准

项目名称	考核要点	考核方式	评价标准					成绩比例
			优	良	中	及格	不及格	
颜色的基础知识	颜色的形成 影响颜色的因素 颜色的特征和分类 颜色的混合	综合						8%
颜色的数字表示方法与输入	分光反射率的输入和测量 CIE 标准色度学系统表示法 孟塞尔颜色系统表示法	综合						8%
纺织品测色	织物色差的计算与测量 同色异谱颜色及其评价 织物白度的评定	综合						8%
染料与助剂性能的测定	增深剂增深效果的测定 匀染剂匀染效果的评定 染料提升力和染料强度的测定 染色牢度的测定	综合						8%
计算机配色	计算机配色基础数据库的建立 来样分析及目标色测色与存储 计算机配色操作 染液配制、自动滴液与小样染色 色差评定与配方修正	综合						5%
利用 E-mail 传输 qtx 文档与文本文档等色样档案	qtx 文档的导入 qtx 文档的导出	综合						3%
综合实训		报告						30%
期末理论知识考试		试卷						30%
合计								100%

注：(1) 项目过程考核,除完成任务考核之外,还应包括公共考核点,内容,其一般指工作职业操守、学习态度、团队合作精神、交流及表达能力、组织协调能力等。

(2) 考核方式可以是教师评价、学生自评、学生互评或几种方式结合。

教学学时分配表

项目名称	任务名称	课时设置
颜色的基础知识	颜色的形成	3学时
	影响颜色的因素	
	颜色的特征	
	颜色的混合	
颜色的数字表示方法与输入	分光反射率的输入和测量	3学时
	CIE 标准色度学系统表示法	3学时
	孟塞尔颜色系统表示法	3学时
纺织品测色	织物色差的计算与测量	3学时
	同色异谱颜色及其评价	1学时
	织物白度的评定	2学时
染料与助剂性能的测定	增深剂增深效果的测定	3学时
	匀染剂匀染效果的评定	
	染料提升力和染料强度的测定	3学时
	染色牢度的评定	
计算机配色	计算机配色基础数据库的建立	3学时
	来样分析及目标色测色与存储	2学时
	计算机配色操作	1学时
	染液配制、自动滴液与小样染色	3学时
	色差评定与配方修正	2学时
用 E-mail 传输 qtx 文档与文本文档等色样档案	qtx 文档的导入和导出	1学时
综合实训	配色用数据库的建立及应用	2周
合计		36学时+2周

目　录

绪　论

随着全球经济一体化战略的实施,纺织品市场向着小批量、多品种、快交货、高档化、高标准的方向发展。因此,染整行业的色彩通讯、电脑测色配色技术应运而生。所谓色彩通讯,是指在全球任何地方的两个企业之间,为了增强市场快速反应的能力,通过打电话、发传真、发E-mail 等方式告知对方所需颜色的代号,加工方就可以在自己的企业里进行打样、生产,利用测色配色仪进行颜色确认,而无需相互邮寄样品,大大缩短了交货时间,从而优先抢占有利的市场。计算机测色就是利用分光光度测色仪将试样与标准样进行对比,从而得出两者在颜色深度、色光、亮度、彩度、总色差等方面的一系列对比参数,从而确认是否达到客户的要求。利用测色仪器进行颜色对比,避免了人工对色的主观性,增强了对色的客观性、公正性和科学性。计算机配色是指根据染整企业自身的情况,依据积累的原有数据资料,利用电脑配色软件,针对客户的标准样提供一系列参考处方,再根据企业的要求在其中优选出较理想的处方。由于染整企业所使用的染料、助剂、纺织品等与原始数据打样时不可能完全一致,两者之间不可避免地会存在一定差异,因此,对此处方还需进行复板,经过最后调整的处方才能应用于大生产,可大大提高打样的效率。

 一、计算机测色配色技术的发展历程

20 世纪 30 年代是计算机测色配色的奠基阶段,建立了三刺激值色度学系统,哈代设计了自动记录式反射率分光光度计,库贝尔卡·蒙克发表了光线在不透明介质中被吸收和散射的理论。

20 世纪 40 年代是计算机测色配色技术的萌芽阶段,美国的帕克在论文中介绍了各种染料吸收光线的光学特性,同时提出了两组求解染料浓度的公式。

20 世纪 50 年代是计算机测色配色技术的初创时期,1958 年美国安装了第一台由戴维逊和海门丁哲开发的模拟专用配色计算机——COMIC,各种染料的单位浓度吸收特性数值储存于磁卡上,供配色者选用。

20 世纪 60 年代是计算机测色配色技术的兴起时期,1963 年美国的氰胺和英国的 ICI 两大染料厂相继宣布可以用数字计算机为客户提供配色服务,成为计算机测色配色技术发展史上的里程碑,计算机测配色从此蓬勃兴起。

20 世纪 70 年代是计算机测色配色技术的低潮时期,主要原因是人们的要求过高、过于理想化,如希望计算机预报的配方个个成功,并且不需要小样试染等。但是,由于染色过程的复杂性以及其他因素的影响,当时此类系统的应用效果与人们的期望值相距很远。

20 世纪 80 年代是计算机测色配色技术的高速发展阶段,原因是西方国家的纺织品生产出现小批量、多品种、货期急的特点,配色工作量繁重,并且人们不再要求计算机测配色方案百发百中,网络贸易的发展也促进了其发展。

在工业发达国家,与着色有关的行业(如纺织印染、染料制造、涂料、塑料着色加工、油墨等)普遍采用计算机测配色系统,作为产品开发、生产、质量控制、销售的有利工具。在我国,计算机测配色系统正进入高速发展阶段,它给使用者带来了生产的科学化、高效率和经济效益。

 ## 二、计算机测色配色系统的特性与功能

(1)产品颜色质量控制采用国际标准通用的方法,可提高产品的质量信誉。

(2)迅速提供优质价廉的配方,可减少试染次数一半以上,节约水电汽,降低生产成本,一般可降低着色剂成本 10%~15%。

(3)预测色变现象。预报的配方可以列出染样在不同光源下的颜色变化程度,由此可预先得知该配方的同色异谱性质,避免不同光源下色差变化而造成产品降等或质量问题。

(4)具有精确、迅速的修色功能。能在极短的时间内计算出修正配方,并可累积大生产颜色,统计出实验室小样与生产大样之间或大生产机台之间的差异系数,进而直接提供现场配方,提高对色率及产量。

(5)色料、助剂的检验分析。可对色料、助剂进行检验和分析,包括染料力份的测定、染料色相的分析以及助剂效果的判定等。

(6)科学化的配方存档管理。将以往所有配制的颜色、化验室小样配方以及染色车间大样生产配方存入颜色配方库,可以将技术资料完整保留,方便进行检索,并能按照来样的颜色要求快速修正后使用。

(7)数值化的品质管理。可进行精练漂白程度的评估、染料相容性和染缸残液的检测、样品色差的评定及各项牢度的分析等,而且可将其数值化。

(8)提高印花残浆的再利用率。印花工序往往留下大量残浆,计算机可将其作为另一种染料参与配色,减少生产损失。

(9)连接其他设备形成网络系统。将测配色系统和自动称量系统连接,可将称量误差减至最小,如再与小样染色机相连,可提高打样的准确性,还可进行在线监测等,从而大大提高产品质量。

 ## 三、计算机测色配色系统的组成

计算机测色配色系统主要由两大部分组成,即硬件部分和软件部分。硬件部分包括分光光度仪、计算机及打印机;软件部分包括操作系统及测色配色软件。

(一)分光光度仪

分光光度仪只能测量色样的反射率,提供原始的数据,所有的颜色评价和配方计算需要软件完成,分光光度仪也由软件进行驱动和操纵。

(二)测色配色软件

测色配色软件是颜色科学理论和生产实际经验的集成,有测色、配色两种功能。

1．测色软件基本功能

(1) CIE 标准照明体和典型光源可供选择；

(2) 2°和 10°两套 CIE 标准色度观察数据；

(3) 基本色度参数，如反射率、XYZ 和 LAB 值等；

(4) 色差评价、5 个国际标准色差公式；

(5) 同色异谱指数的计算与评价；

(6) 颜色深度计算、染料强度(力份)计算、色牢度评级；

(7) 白度计算(ISO 国际标准白度公式)；

(8) 产品颜色质量控制国际标准通用方法。

2．配色软件基本功能

(1) 库存染料基础数据库的建立与管理；

(2) 自动计算客户来样的染色配方，多个配方(可多至上百个)按色差、同色异谱指数和价格自动排列，给出每个配方与标准样的预报色差、同色异谱指数、价格等参数；

(3) 理论配方的智能校正或修色；

(4) 染料厂混料配色及配方修正。

项目 1 颜色的基础知识

---项目综述---

通过该项目的学习,使学生了解光的性质、物体的光谱特性、人的颜色视觉等知识,获悉颜色产生的三个条件,以便掌握颜色的形成过程,了解影响颜色的因素;掌握颜色的基本特征,了解颜色的分类,以便对色彩进行准确的辨认和描述;掌握颜色的混合方法和混合规律,能够利用色彩混合规律解释生活和生产中的颜色现象。

---项目目标---

1. 了解光的性质
2. 理解光的色散、光谱功率分布的概念
3. 掌握物体的光学特性并了解其发色理论
4. 掌握颜色产生的条件及形成过程

5. 了解颜色的影响因素
6. 掌握颜色的基本特征
7. 了解颜色的分类
8. 掌握彩色与非彩色的区别
9. 了解原色的概念
10. 掌握加法混色与减法混色的混合规律

 一、颜色的形成

颜色是一种奇异的现象,它不是真实地存在于自然界中,而是存在于人脑中。经常听到这样的问题:"如果人眼不能看见红玫瑰,它仍是红色的吗?"答案可能会让人感到意外。房间中的光源和玫瑰花瓣的色素是让我们产生颜色知觉的两个条件,直到我们的眼睛亲自看到并经过大脑反应,才能描述其为"红色"。因此颜色的形成需要满足三个条件:

第一是光,光是产生色彩的条件,无光便没有色彩的存在;

第二是物体,只有光线而没有物体,人们依然不能感觉其色彩;

第三是观察者,由人的眼睛和大脑组成,人的眼睛中有感色的蛋白质,而大脑用于辨别色彩。

从这个意义上讲,在光线、物体、眼睛和大脑发生关系的过程中才能产生颜色。若想了解物体的颜色,必须从了解光、物体的光谱特性以及人的视觉开始。

（一）光

1. 光的本质与组成

我国国家标准 GB/T 5698—2005 对光的定义为："光是能在人眼的视觉系统中引起明亮感觉的电磁辐射。"可见,光是一种电磁波,包括宇宙射线、X 射线、紫外线、可见光、红外线、雷达、无线电和交流电等(图 1-1)。可见光仅是其中很小的一段,只有波长为 380～780 nm(1 nm＝10^{-9} m)的辐射才能引起人们的视觉感,这段光波叫做可见光。习惯上把 380～500 nm 称为蓝光区,500～600 nm 称为绿光区,600～780 nm 称为红光区,低于 400 nm 的光称为紫外光(UV),高于 700 nm 的光称为红外光(IR)。人类的肉眼是无法看见紫外光和红外光的。

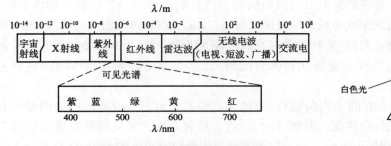

图 1-1　电磁辐射波长范围及可见光谱

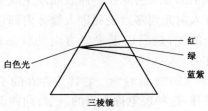

图 1-2　光的色散

2. 光的色散现象

当一束白光通过三棱镜后,我们可以看到如图 1-2 所示的一条按波长依次连续排列的彩色谱带,其中有红、橙、黄、绿、青、蓝、紫等色(显示为人们所熟悉的"彩虹")。白光按不同波长展开的现象称为光的色散。1666 年,牛顿通过三棱镜实验证实了光的色散。

光谱中具有单一波长且不能再分解的色光称为单色光或光谱色。由单色光混合而成的光叫做复色光。一般情况下,人们见到单色光的机会并不多,自然界的太阳光、白炽灯和日光灯发出的光都是复色光。

3. 相对光谱能量分布

某种光可以由它的光谱能量分布 $P(\lambda)$ 来表示,其中 λ 是波长。光谱能量分布是指光的能量随波长而变化的情况。色彩学主要研究的是光谱能量分布的相对值而不是绝对值,所以通常用相对光谱能量分布 $S(\lambda)$ 来表示。当一束光的各种波长的能量大致相等时,称其为白光;若其中各波长的能量分布不均匀,则称它为彩色光;当一束光只包含一种波长的能量,而其他波长的能量都为零时,它则是单色光。它们的相对光谱能量分布分别如图 1-3(a)(b)(c)所示。

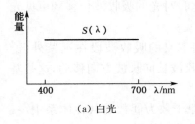

（a）白光

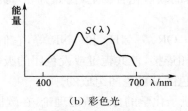

（b）彩色光

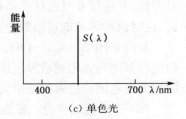

（c）单色光

图 1-3　光的光谱能量分布图

（二）物体的光学特性及发色理论

1. 物体的光学特性

物体为什么会显示出各种各样的颜色？其根本原因就是它对光具有选择性吸收的特性。当光线照射在物体上时有几种情况发生。

（1）光的吸收　光的吸收是指原子在光照下吸收光子的能量，由低能态跃迁到高能态的现象。从宏观上看，入射光在特定波长范围内被物体所吸收，从而改变了入射光的相对光谱能量分布。有色物质如染料、颜料对入射光有强烈的波长选择性吸收，从而在一定光源照射时呈现各种颜色，这取决于物质分子的结构。

（2）光的反射　在特定的光源照明和观察条件下，一个不透明物体的光反射性质是决定该物体颜色的决定性因素。物体的反射分为镜面反射和内反射两种。当光照射到物体上时，一小部分入射光在物体表面发生或多或少的镜面反射，这决定了该物体表面的光泽度；绝大部分入射光则穿过表面进入物体内部，受到物质对光的选择性吸收和散射作用，被物质吸收后剩余的光，最后以近乎无方向的状态重新从物体表面射出，这部分反射光和物体的颜色色度有关。

（3）光的散射　物体中存在的不均匀颗粒，使进入其中的光偏离入射方向而向四面八方散开，这种现象称为光的散射；向四面八方散开的光，就是散射光。当光从周围介质照射到介质中另一种物质的微小粒子时，如果粒子的折射系数和周围介质有很大的差异，就会产生光的散射现象。与光的吸收一样，光的散射也会使通过物质的光的强度减弱。通过许多微小粒子对光的反复作用，使得一束入射光的传播方向变得杂乱无章，最终变成均匀的散射光。

（4）光的透射　透射是指入射光经过折射穿过物体，再从物体后面射出的现象。被透射的物体为透明体或半透明体，如玻璃、滤色片等。当物体对入射光有吸收作用而无散射作用时，此物体看上去便是有色透明体。若透明体是无色的，除少数光被反射外，大多数光均透过物体。

2. 色素发色理论

（1）发色团和助色团学说　该学说认为，物体之所以能吸收可见光而呈现不同的颜色，是因为其分子中含有某些特殊的基团即发色团（发色基）。发色团是不饱和基团，如：

$$\backslash C\!=\!C\diagup \quad ; \quad \diagup C\!=\!O \quad ; \quad -\!\overset{O}{\overset{\|}{C}}\!-\!H \quad ; \quad -\!\overset{O}{\overset{\|}{C}}\!-\!OH \quad ; \quad -\!N\!=\!N\!- \quad ; \quad -\!N\!=\!O \quad ; \quad \diagup C\!=\!S$$

它们的吸收波长为 $200\sim400\ nm$，此时是无色的。如果分子中有两个或两个以上的发色基共轭，并连接在具有特殊结构的碳氢化合物上（比如芳烃），此时对光的吸收波长移到可见光区，这时该物体才能显示颜色。

有些基团如—X、—OH、—OR、—NH₂和—NR等，它们本身的吸收波段在远紫外区。但这些基团与共轭键或发色团相连接，使共轭键或发色团的吸收波长向长波方向移动，这些基团称为助色团。色素都是由发色团和助色团组成的。

（2）分子轨道理论　根据量子化学的分子轨道理论，在碳原子数为偶数的共轭体系中，一半分子轨道具有较低的能量，称为成键分子轨道；另一半分子轨道的能量较高，称为反键分子

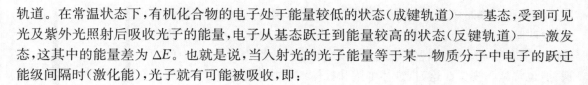

轨道。在常温状态下,有机化合物的电子处于能量较低的状态(成键轨道)——基态,受到可见光及紫外光照射后吸收光子的能量,电子从基态跃迁到能量较高的状态(反键轨道)——激发态,这其中的能量差为 ΔE。也就是说,当入射光的光子能量等于某一物质分子中电子的跃迁能级间隔时(激化能),光子就有可能被吸收,即:

$$\Delta E = E_t - E_0 = h\frac{c}{\lambda} = h\nu$$

式中:ΔE 为分子激发态、基态的能量差,即被吸收的光子的能量;E_t 为分子吸收光子后激发态的能量;E_0 为分子吸收光子前基态的能量;h 为普朗克常数;c 为光速;λ 为入射光的波长;ν 为入射光的频率。

(三) 人的视觉特性

物体的颜色不仅取决于物体辐射对人眼产生的物理刺激,还取决于人眼的视觉特性,因而必须从生理学及心理学的角度了解人眼的构造、颜色感觉的机理及各种颜色的视觉现象。

1. 眼睛的构造

人的眼睛是产生色觉的要素之一。从物体反射的光线进入眼睛并聚集到感光面(视网膜)上,这种光线的刺激是视觉感受的开端。人的眼睛主要由角膜、晶状体和感光细胞组成,是一个直径大约为 23 mm 的近似球状体(图 1-4)。

只要物体表面有光反射出来,并投射到人的眼睛,则物体的像将呈现在视网膜上,通过视网膜上的感光细胞把信号传递给大脑,经过大脑的综合判断,于是产生视觉。

2. 视角

视角是指被观察对象的大小对人眼所形成的张角(图1-5)。视角的大小既取决于物体本身的面积大小,也取决于物体与人眼之间的距离。颜色是由人眼睛视觉系统的结构所决定的,视角的大小对颜色视觉也有重要影响。

视角的计算可按下式进行:

$$\tan\frac{\alpha}{2} = \frac{A}{2D}$$

式中:α 为视角;D 为物体与眼睛之间的距离;A 为物体的面积。

3. 明视觉与暗视觉

解剖学和神经生理学证明,人眼的视网膜中存在两种感光细胞,即锥体细胞和杆体细胞(图1-6)。这两种细胞分别在不同条件下执行不同的视觉功能,这就是视觉的二重性。明亮条件下,人眼的锥体细胞起作用,称为锥体细胞视觉,也叫明视觉。此时,人们可以分辨物体的

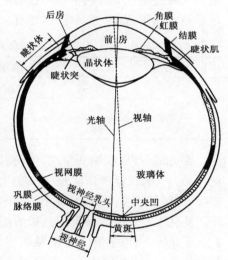

图 1-4　眼睛的构造

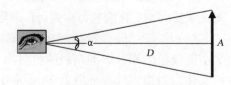

图 1-5　视角示意图

细节和颜色。黑暗条件下,人眼的杆体细胞起作用,称为杆体细胞视觉,也叫暗视觉。此时,人们只能分辨物体的大致轮廓,分辨不出物体的细节和颜色。在明视觉与暗视觉之间的亮度水平下,称为中间视觉,也称微明视觉。这时,锥体细胞和杆体细胞共同起作用。

对于从事颜色的工作者来说,主要关心的是锥体细胞的功能和明视觉的作用。

4. 颜色视觉现象

颜色视觉除了受被观察物体在视网膜上成像的区域大小的影响外,还受被观察物体周围环境的影响,同时也受观察者在很短时间前观看过的其他颜色印象的影响。

图 1-6 杆体细胞和锥体细胞示意图

(1)颜色辨认 色彩视觉正常的人在光亮条件下能看见可见光谱中的各种色彩,它们从长波一端到短波一端的顺序为:红色(700 nm),橙色(620 nm),黄色(580 nm),绿色(510 nm),蓝色(470 nm),紫色(420 nm)。表 1-1 所示为各种色彩的波长和范围。人眼还能在上述两个相邻色彩范围的过渡区域看到各种中间色彩。我们常常把这些中间色彩叫做绿黄、蓝绿等。此外,还有一些我们难以叫出其名字的色彩。

表 1-1 色彩波长和光谱范围

颜色	波长/nm	范围/nm	颜色	波长/nm	范围/nm
红	700	640～750	绿	510	480～550
橙	620	600～640	蓝	470	450～480
黄	580	550～600	紫	420	400～450

在光谱中,从红端到紫端,中间有各种过渡的色彩。人的视觉辨认波长微小变化的能力有多大,即波长改变多少,人眼才能分辨出色彩发生了变化呢?人的这种辨别色彩的能力在不同波长下是不一样的,在光谱的某些部位,只要波长改变 1 nm,人眼便能看出色彩的差别;而在多数部位,需要改变 1～2 nm 才能看出其变化。图1-7 是不同波长下的色彩辨认曲线。人的视觉辨认波长微小变化的能力称为辨认阈限。

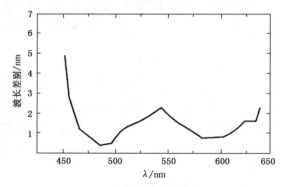

图 1-7 人眼对光谱变化的分辨能力

(2)颜色对比 在视场中,相邻区域的两个不同颜色的相互影响叫做颜色对比。颜色对比的结果是使颜色的色调向另一颜色的补色方向变化。当物体处在环境色中时,由于环境色与物体色之间存在颜色的对比,使物体色发生变化。比如拿一片浅灰色的纸放在一个白色的背景上,再拿一片同样的浅灰色的纸放在一个黑色的背景上,你会发现在黑色背景上的灰色比白色背景上的浅。这种颜色的变化是由于物体色与环境色的对比而产生的一种视觉现象,其实并非物体色改变了,而是人的主观感受发生了一种复杂的心理变化,这就是颜色对比现象。观察纺织品的颜色时,应避免对比效应的干扰。

(3)颜色适应 在亮度适应状态下,视觉系统对视场中的颜色变化会产生适应的过程。人眼在颜色的刺激作用下所造成的颜色视觉变化,称为颜色适应。人眼对某一色光适应后再观察另一物体的颜色时,不能立即获得客观的颜色印象,而带有原适应色光的补色成分,需经过一段时间适应后才会获得客观的颜色感觉。这个过程就是颜色适应的过程。例如当眼睛注视一块大面积的红纸一段时间后,再去看一块白纸时,会发现白纸显出绿色,经过一段时间后,绿色逐渐变淡,白纸逐渐成为白色。因此,在颜色视觉实验中,如果先后在两种光源下进行观察,必须考虑前一光源对视觉的颜色适应的影响。如果在某一光源下观察颜色时,周围环境还有其他颜色的光,也要考虑周围光的颜色对比效应的影响。

二、影响颜色的因素

一般情况下,说物体是什么颜色,都是指在自然光的条件下。如橙子是橙色的、树叶是绿色的等,都是指物体在阳光下所呈现的颜色。这种日光下物体所呈现出来的颜色,称为物体的固有色。人们常常以为所看到的物体颜色是物体本身所固有的颜色,不管在什么情况下都不会发生改变。其实这种看法是不正确的,从颜色形成的三个条件中可以看出这一点。影响颜色的因素可分为两个大的方面,一方面是客观因素,包括物体的固有色、光源、环境色等;另一方面是人的视觉及其他主观因素。

(一) 物体的固有色

物体的结构不同,在日光下所呈现的色彩不同。

(二) 光源的影响

人们所看到的物体的颜色,是物体的反射光或透射光的颜色,而并非物体自身的颜色。所以,光源对物体所呈现的颜色的影响比较大。

1. 光源光谱成分的影响

物体对照明光源表现的固有吸收特性,决定了其色彩的显现受光源光谱成分的影响。当照射到物体上的光源不同时,其光谱成分也不同,此时必然会影响反射光的光谱成分,使其看起来呈现不同的色彩(图 1-8)。

2. 光源照度的影响

照度即物体被照亮的程度,它对物体的颜色有直接的影响。物体的形状不同,物体表面不同的受光面与光源的距离不同,入射光的角度也不相同,则物体各个面上的照度也不一样,这样物体表面就有了明暗的感觉,从而使物体颜色看起来有所不同。

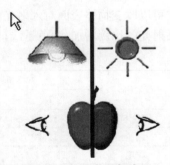

图 1-8　不同光照条件下
物体的颜色

(三) 环境色的影响

环境色就是指周围邻近物体的色彩。由于物体处在一个有色的环境中,环境色的反射光会照射到物体上,从而使物体表面的颜色发生改变。例如,一个白色物体放在一间红色墙壁的屋子里,则物体呈现浅红色;若放在一间蓝色墙壁的屋子里,物体会呈现浅蓝色。在物体周围的环境中,哪种颜色偏多,物体就容易呈现此种颜色。

（四）其他客观因素的影响

1. 有色物质浓度的影响

有色物质的浓度对物体颜色的影响与溶液中的情况相似。即有色物质的浓度越高，物体的颜色越浓（深）；反之，有色物质的浓度越低，物体的颜色越淡（浅）。但是对于固体物质，有色物质的浓度与物体颜色深度之间并不存在很好的线性关系。

2. 固体物质中有色物质的物理状态和分布状态的影响

在染整加工过程中，随着染色过程的进行，染料在纤维材料中的物理状态会发生不断的变化，而且不同染料的物理状态变化对颜色造成的影响有很大的差异。例如在使用还原染料对棉织物进行染色的过程中，大多数染料在皂煮工艺前后有不同程度的色相变化。这是由于染料经过皂煮处理后，其物理状态发生了变化所致。

3. 物体与观察者之间距离的影响

距离人眼越近的物体，其色彩感越强，层次越丰富，固有色特性越明显。随着物体距离渐远，色彩感减弱，层次难以区分，固有色也就分辨不出来了。如遥看天边的山脉，不可能看得见红的花、绿的树，只会看到一片青灰色。

4. 物体表面光学性质的影响

（1）物体的比表面积大小　物体的比表面积对颜色的影响，可从光学的角度进行分析。物体的颜色是由镜面反射的白光和内部反射的彩色光混合后所显示的颜色，在这一混合的反射光中，镜面反射光占的比例越大，颜色显得越淡，也越萎暗；镜面反射光占的比例越小，颜色显得越浓艳。例如涤纶单纤维的半径有大有小，其比表面积不同，通常比表面积越大，镜面反射光的成分多，颜色越浅；反之，颜色越深。用同样多的染料染超细涤纶纤维和普通涤纶纤维，前者得色浅而且萎暗，这正是超细纤维不容易染得深浓颜色的原因之一。

（2）纤维材料的折射率　纤维材料的折射率是影响物体表面光学性质的另一个重要因素，它可以改变物体表面对入射光的吸收和反射特性。折射率越大，物体对入射光的吸收越少，镜面反射光的比例增加，颜色越浅；反之，颜色越深。表 1-2 所示是常见纤维材料的折射率。

表 1-2　常见纤维材料的折射率

名称	折射率		名称	折射率	
	$R_{//}$	$R_{\perp}$		$R_{//}$	$R_{\perp}$
锦纶 66	1.568	1.515	苎麻	1.594	1.532
腈纶	1.520	1.524	黏胶	1.550	1.514
羊毛	1.555～1.559	1.545～1.549	醋酯	1.474	1.479
丝	1.598	1.543	涤纶	1.793	1.781

（3）织物组织结构　织物的组织对染得的颜色深浅也有明显影响。例如平纹织物和绒布，当上染于两种织物的染料浓度相同时，绒布的颜色总比平纹织物的颜色深而且鲜艳度高。这是因为入射光照射到平纹织物上时，其镜面反射光较强，因而颜色显得比较浅，鲜艳度也比较差。而绒布表面的特殊结构使入射光在绒布表面反复、多次地被反射和吸收，因而镜面反射光减少，所以绒布的颜色深而且鲜艳。

织物的后整理加工多采用折射率比较低的助剂，在纤维表面形成覆盖层，从而改变纤维表面的光学性质，降低其折射率，颜色通常会稍微加深。

5. 温度和相对湿度

纺织品在自然环境中会保持温度和湿度的平衡,在高相对湿度下,纺织品的含水率增加。含水率的改变一方面改变了纤维表面的光学性质,同时使上染到纤维上的染料状态发生变化,因而织物的颜色发生不同程度的变化。构成纺织品的纤维材料不同,回潮率会有很大差异,受其所处环境的相对湿度的影响也不同。

(五) 人的视觉生理和心理的影响

1. 视觉生理的影响

视觉正常的人不仅能分辨出物体的形状,而且能轻松地辨别各种颜色。但是有些人的视觉轻度异常,对光谱中红色和绿色区域的颜色的分辨能力较差,只有当波长有较大变化且光波有较大的强度时才能分辨出颜色的变化。这种现象叫做色弱。色弱多发生于后天,通常是由健康原因造成的视觉系统的病态表现。色盲则是严重的视觉异常,对颜色的辨别能力很差。

2. 视觉心理的影响

除了上述的视觉生理方面的因素,人的视觉心理也会影响人们对物体呈色结果的判断。

三、颜色的特征和分类

(一) 颜色的特征

从人的视觉系统看,颜色可用色调、饱和度和明度进行描述,其中色调与光波的波长有直接关系,明度和饱和度与光波的幅度有关。人眼看到的任何一种彩色光,都是这三个特征的综合效果。颜色的三个特征就是颜色的三要素。

1. 色调

色调又称为色相,是指颜色的外观,用于区别颜色的名称。色调取决于可见光的波长,它是最容易把颜色区分开的一种属性。色调用红、橙、黄、绿、青、蓝、紫等术语进行描述。在这个次序中,当人们混合相邻颜色时,可以获得这两种颜色之间连续变化的色调。色调在颜色圆上用圆周表示,圆周上的颜色具有相同的饱和度和明度,但色调不同(图1-9)。苹果是红色的,这"红色"便是一种色调,它与颜色的明暗无关。

2. 饱和度

饱和度又称为纯度、鲜艳度和彩度,可用来区别颜色的纯洁度,即颜色接近光谱色的程度。当一种颜色中渗入其他光的成分越多时,就说颜色越不饱和。完全饱和的颜色是指没有渗入其他光所呈现的颜色,例如仅由单一波长组成的光谱色。饱和度在颜色圆上用半径表示,某一半径方向上的颜色具有相同的色调和明度,但饱和度不同。物体颜色中的彩色成分越多,则纯度越高。非彩色的中性灰、白色和黑色的纯度为零。

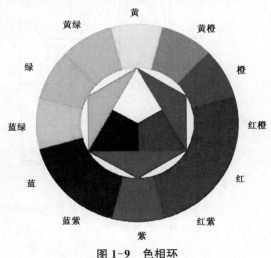

图1-9 色相环

3. 明度

明度表示有色物体表面的明暗程度,也可称为色彩的亮度,它可区分颜色的浓淡。根据国际照明委员会的定义,亮度用单位面积的反射或发射的光的强度(反射率的高低)表示。凡物体吸收的光越少,反射率越高,则明度值越高,该物体的颜色越淡。非彩色中,白色的明度最高,黑色的明度最低,灰色的明度介于两者之间。彩色中,物体的明度一般为黄色较高,显得最亮;其次是橙、绿;再其次是红、蓝;紫色的明度最低,显得最暗。

颜色的三属性不是孤立存在的,而是相互联系的。色相决定颜色的质的变化,而明度和饱和度决定颜色的量的变化。

(二)颜色的分类

颜色可分为彩色和非彩色两类。

1. 非彩色

非彩色指白色、黑色和各种深浅不同的灰色组成的系列,称为白黑系列。代表物体的光反射率的变化,在视觉上是明度的变化。当物体表面对可见光谱中所有波长的反射率都在80%以上时,常常表现为白色;而各个波长的反射率均在4%以下时,常常表现为黑色。当然,这种区分只是粗略、近似的区分,介于两者之间的是不同程度的灰色。纯白色的反射率应为100%,纯黑色的反射率应为0%,现实生活中没有纯白或纯黑的物体。白色、黑色和灰色物体对整个可见光谱范围内的任意一个波长的光都没有明显的选择吸收(图1-10),它们是中性色,只有明度的差异。

2. 彩色

彩色是指白黑系列以外的各种颜色,是物体对可见光选择性吸收的结果。与非彩色物体的反射率曲线相比,彩色物体的反射率曲线都对可见光内某一部分的波长有比较明显的吸收(图1-11)。例如,黄色对400~420 nm的光有较强的吸收,红色对490~520 nm的光有较强的吸收。彩色既有明度差别,又有色相和饱和度的差别。

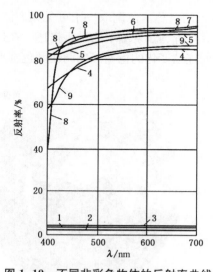

图1-10 不同非彩色物体的反射率曲线

1—铁粉 2—炭黑 3—石墨 4—高岭土
5—水洗硫酸钡 6—铅白 7—氧化钛
8—氧化钕 9—锌氧粉

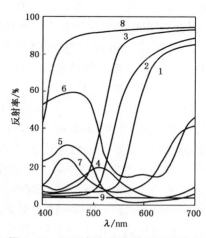

图1-11 不同颜色物体的反射率曲线

1—红 2—橙 3—黄 4—绿 5—深蓝
6—浅蓝 7—紫 8—白 9—黑

四、颜色的混合

两束不同波长的光叠加在一起,会得到与原来两束光的性质不同的光。同样,两种不同颜色的染料混合在一起,会得到与原来两种染料的颜色完全不同的混合物。这就是人们在日常生活中常见的颜色混合。在一种色中加入另一种色,构成与原色不同的色,称为色彩的混合。经过前人大量的研究发现,两种颜色混合的规律是完全不同的。

(一) 加法混色

把两种或两种以上不同波长的光叠加在一起,会得到与原来两束光的性质不同的光。人们把色光的混合称为加法混色,仅用于对色光的混合。人的视觉神经之所以能感受到颜色,是由于外界光的刺激作用于人眼的视觉细胞,其中视觉细胞中有感红、感绿和感蓝三种感光色素,由于这三种感光色素的共同作用,人们便可以感受到几乎所有的可见色光。经过大量的实验,国际上选定色光的三原色为:红(R),波长为 700 nm;绿(G),波长为 546.1 nm;蓝(B),波长为 435.8 nm。所谓原色,是指色彩的基本色,三原色光中的任何一种色光,都不能由其他两种原色光混合得到。如果用红、绿、蓝三种色光以不同比例进行混合,几乎可以得到自然界中所有的色彩。如果将等量的三原色混合在一起,有以下混合规律(图 1-12):

红光 ＋ 绿光 ＝ 黄光（R ＋ G ＝ Y）

红光 ＋ 蓝光 ＝ 品红光（R ＋ B ＝ M）

绿光 ＋ 蓝光 ＝ 青光（G ＋ B ＝ C）

红光 ＋ 绿光 ＋ 蓝光 ＝ 白光（R ＋ G ＋ B ＝ W）

如果改变两种或三种原色光的混合比例,则可以得到其他不同效果的色光。同样,将红光与绿光相混合,如果绿光的成分比红光多,则混合色光的效果为黄绿色;如果红光的成分比绿光多,则混合色光的效果为橙黄色。光的混合遵循格拉斯曼颜色混合定律。

1. **格拉斯曼颜色混合定律**

加法混色的基本规律是格拉斯曼在 1854 年提出的,称为格拉斯曼颜色混合定律,是目前颜色测量的理论基础,其基本内容有:

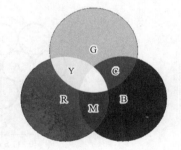

R—Red(红)　　　G—Green(绿)
B—Blue(蓝)　　　C—Cyan(青)
Y—Yellow(黄)　　M—Magenta(品红)

图 1-12　加法混色

(1) 人的视觉只能分辨颜色的三种变化,即色调、明度、饱和度。

(2) 在由两个成分组成的混合色中,如果一个成分发生变化,混合色的外貌也发生变化,并据此导出两个定律。

① 补色定律:如果某一颜色与其补色以适当比例混合,便产生白色;如果按照其他比例混合,便产生近似比例大(指混合时占的百分比大)的颜色色相的非饱和色。

② 中间色定律:任何两个非补色相混合,便产生中间色,其色相取决于两种颜色的相对数量,其饱和度取决于两者在色相顺序上的远近。

(3) 颜色的代替律,即颜色外貌相同的光,不管其光谱组成是否相同,在颜色混合中具有相同的效果。若 A＝B,C＝D,则 A＋C＝B＋D 或 A＋B＝C,X＋Y＝B,则 A＋X＋Y＝C。

（4）亮度相加定律,即混合色的总亮度等于组成混合色的各种色光的亮度的总和。

从能量的观点来看,两种不同色光的混合就是这两种色光的能量相加,其混合色光的能量等于被混合色光的能量的和。由于混合后色光的能量增加,其亮度也增加。

2. 互补色

如将颜色环上的全部单色光以一定比例混合,可得到白光。白光也可以由颜色环上的任何两个对顶位置的单色光以一定比例混合而得到,这一对颜色互称为补色(图 1-13)。

3. 应用

人们还发现如果两个色光的距离非常小,以

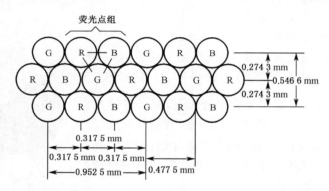

图 1-13　补色关系图

至于人眼不能分辨是两个颜色交替作用于人眼的同一部位时,也会产生加色混合效果,如彩色显示器。彩色电视机的荧光屏的混色是加法混色在日常生活中的典型实例(图 1-14)。

图 1-14　彩色电视机显像管中的荧光粉分布示意图

加法混色在印染加工中的典型实例为纺织品的荧光增白处理。经煮练、漂白后的织物仍带有一定的黄色,即织物的反射光中缺少蓝紫色的光。荧光增白剂可以吸收紫外线,从而激发出蓝紫色的可见光,蓝紫色的光与黄光相混合,则可以得到白光,织物的白度增加,所得增白织物的反射光的总亮度增大。其基本原理如图 1-15 所示。

加法混色理论是计算机测色的理论基础。

（二）减法混色

把对光具有吸收作用的物质如染料、颜料、滤光片等进行混合或叠加,称为减法混色。色料所表现出的颜色,是由于该种色料对可见光中的一种或几种色光进行吸收,并将其余色光反射或透射,从而形成的一种混合色。色料的三原色是品红(带蓝味的红)、黄(柠檬黄)、青(湖蓝)。色料三原色中,任意两种原色相混合而得到的混合颜色称为间色,三种原色相混合得到

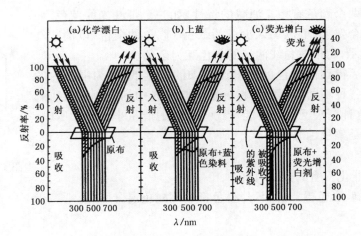

图 1-15　荧光增白原理示意图

的混合颜色称为复色。

1. 混合规律

色料三原色等量混合有以下规律(图 1-16)：

$$黄＋品红＝白光－蓝光－绿光＝红光(Y＋M＝R)$$
$$黄＋青＝白光－蓝光－红光＝绿光(Y＋C＝G)$$
$$青＋品红＝白光－红光－绿光＝蓝光(C＋M＝B)$$
$$品红＋黄＋青＝白光－绿光－蓝光－红光＝黑(M＋Y＋C＝K)$$

减法混色三原色与加法混色三原色的关系如图 1-17 所示。

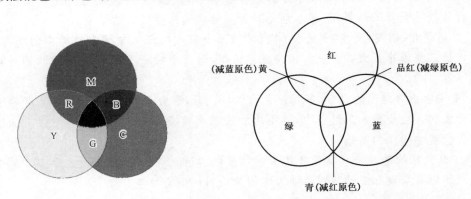

图 1-16　减法混色　　　图 1-17　加法混色三原色光与减法混色三原色的关系

如果三原色两者之间是不等量的混合,则混合色的颜色向比例大的原色变化。如品红色与黄色混合时,如果黄色的含量多,品红色的含量少,则得到的是一个偏黄色的红色,且随着黄色的量的增加,其混合色偏黄的程度越大;反之,降低黄色的比例直到为零,则混合色偏品红的程度越来越大,直到变为纯品红色。其他颜色的不等量混合也有同样的规律。

2. 互余色

如果两个色料混合后能形成黑色,它们就互为余色,即红和绿、黄和紫、蓝和橙黄互为余色。互为余色的两个颜色有相互消减的特性，如一个带红光的蓝色，如果红光太重不符合要求，可以加入少量的绿色（红色的余色）以消减红光，如图1-18所示，每根对角线两端的颜色互为余色。

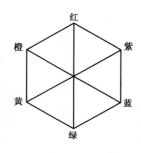

图1-18 余色关系图

经减法混色后得到的颜色的亮度比原来的亮度低，因为混合后的颜色的反射光是各种不同色彩的颜料分别吸收白光中相应色光后所剩余的部分色光，这种剩余反射光的能量比入射光的能量小得多。所以，色料混合的特征是颜色越混越暗。

3. 应用

（1）染整企业化验室的染色打样。

（2）彩色印刷、彩色摄影、滤色片呈色都利用减色混合原理。

【复习指导】

照明光源、被光源照亮的物体、人的视觉系统是影响物体颜色评价的三大因素，也是影响颜色测量的重要基础。

1. 没有光就没有颜色的存在。

2. 被观察的物体，特别是纺织品，对颜色视觉的影响比较复杂，纤维材料的光学性质、织物的组织结构、有色物质的物理状态及其在纤维材料中的分布状态等，都会对颜色视觉产生重要影响。

3. 人的视觉系统对不同波长的光的感受性不同，不同的人对同一波长的光的感受性也有一定的差异，了解这一点对颜色测量和颜色评价有十分重要的意义。

4. 人的视觉特性（颜色辨认、颜色对比、颜色适应和视角等）是颜色测量的基础和依据。

5. 自然界中的颜色可以粗略地分为彩色和非彩色两类。彩色是对可见光中某一部分波长的光进行选择性吸收的结果，而非彩色是对可见光非选择性吸收的结果。

6. 可以用色相、明度（亮度）和彩度（饱和度）三个基本特征来描述自然界中的所有颜色，给颜色的评价工作带来很大的方便。值得注意的是，这三个特征不是完全独立的，而是相互影响的。

7. 加法混色指的是光的混合，其三原色为红、绿、蓝，混合色的亮度增加，其亮度等于各个颜色的亮度之和。在染整加工过程中，典型的加法混色的实例为荧光增白剂增白。加法混色定律是现代色度学建立的基础。

8. 减法混色指的是对光具有吸收作用的物质的混合，其三原色为品红、青、黄，混合色的亮度降低。纺织品染整加工过程中的典型实例为染料的混合拼色。

【思考题】

1. 什么是单色光？单色光是如何获得的？

2. 颜色是如何形成的？物体为什么会呈现不同的色彩？

3. 何为光的色散？何为相对光谱能量分布？何为视角？

4. 人有几种视觉细胞？各有什么特点？

5. 颜色视觉包括哪三个方面的视觉特性？其含义是什么？

6. 影响颜色的因素有哪些？

7. 颜色的基本特征有哪些？简述其含义和表示方法。

8. 试说明当物体对可见光产生选择性吸收和非选择性吸收时，它们的反射率曲线有何不同？

9. 颜色可分为哪两大类别？彩色和非彩色有什么区别？

10. 作为原色应该具备什么条件？

11. 何谓加法混色？以加法混色为基础的基本规律有哪些？简述其内容。

12. 何谓减法混色？它与加法混色有什么不同？

13. 何谓补色？何谓余色？

项目 2　颜色的数字表示方法与输入

项目综述

　　自然界中有成千上万种颜色,长期以来,人们习惯用自己非常熟悉的事物作为参照物来描述色彩。这种表示方法虽然比较直观、形象,但每个人选择的参照物可能有所不同,所以经常会发生对同一事物,不同的人会给出不同的颜色判断现象,故只能粗略地定性描述。而且,随着现代化程度的提高,供需双方不仅可用布样进行交易,还可用数据传递颜色信息。因此,掌握颜色的数字化表示方法是非常必要的。

　　经过 30 多年来科学家们对色彩学的大量研究,颜色的定量表述也日趋精确。目前,根据有色物体的光学基础,已经可以从物理学的角度较准确地研究颜色的表示方法,从而定量地描述测量颜色。颜色的表示方法有:

　　(1) 分光反射率曲线表示法

　　(2) CIE 标准色度学系统表示法

　　(3) 孟塞尔系统表示法

　　通过教、学、做一体化,使学生了解并掌握以上三种表示颜色的方法,并能够熟练操作测色软件。

任务 2-1　分光反射率的输入和测量

【知识目标】

　　1. 掌握分光反射率的概念以及分光反射率曲线表示颜色的方法

　　2. 了解测色仪器(分光光度仪)的组成及每个部件的作用

【技能目标】

　　1. 能将订单中的反射率数据输入电脑转换成色样

　　2. 能利用分光光度仪对织物进行分光反射率的测定

　　3. 能根据分光反射率曲线描述颜色的三个基本特征

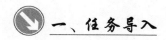 一、任务导入

　　某公司现在有一个国外订单:

```
[STANDARD_DATA 0]
STD_NAME＝SAGE SHADOW 17-6206 TCX
STD_DATETIME＝1282040926
STD_REFLPOINTS＝16
STD_REFLINTERVAL＝20
STD_REFLLOW＝400
STD_R＝21.2，21.93，21.86，22.55，24.02，25.85，27.42，27.36，25.93，24.41，
      24.3，24.99，25.7，31.12，43.84，61.94
```

上述订单中和颜色相关的具体数据就是不同波长下物体的分光反射率,该订单到底要求加工什么颜色呢?

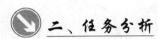

二、任务分析

印染厂有经验的师傅对色样的颜色比较敏感,辨色能力非常高,但面对这些数据,只凭他的肉眼观察,也不能说出它们到底代表什么颜色。在前文"颜色的形成"中,我们已经获悉物体的颜色是由反射光的颜色决定的,物体的光反射程度用反射率表示。要想把这些反射率数据和实际颜色对应起来,就需要用计算机测色软件将反射率数据输入电脑并转换成相应的颜色。为了完成此任务,我们要学习相关的基本知识和操作技能。

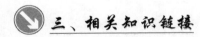

三、相关知识链接

(一) 分光反射率的概念

在颜色测量中,物体的光反射强度用光谱反射因数 $R(\lambda)$ 或分光反射率 $\rho(\lambda)$ 进行度量。光谱反射因数 $R(\lambda)$ 是指在特定的照明条件下,在规定的立体角限定方向上,从物体反射的波长为 λ 的光谱辐通量 $\varphi_s(\lambda)$ 与相同条件下从完全反射漫射体表面反射的波长为 λ 的光谱辐通量 $\varphi_n(\lambda)$ 之比:

$$R(\lambda) = \frac{\varphi_s(\lambda)}{\varphi_n(\lambda)}$$

分光反射率 $\rho(\lambda)$ 是在漫射照明/垂直观察(记作 d/0)的测试条件下测得的光谱反射因数 $R(\lambda)$。测量不透明物体的分光反射率 $\rho(\lambda)$,是以完全反射漫射体作为参照标准的。因此,分光反射率 $\rho(\lambda)$ 的测试需要两个条件:一是完全反射漫射体的确定;二是测试条件。

1. 完全反射漫射体的确定

完全反射漫射体就是在各个波长下反射率均等于 1 的理想的均匀反射体,它将入射光无损失地全部反射,并且各个方向上的亮度均相等。通常用硫酸钡粉末作为完全反射漫射体(标准白板)。无论用什么材料作为"标准白板",一般应满足如下条件:

(1) 有良好的化学和机械稳定性,使用期间分光反射率应该保持不变;

(2) 有良好的反射性;

（3）各个波长下的分光反射率在90％以上且分光反射率曲线在380～780 nm范围内十分平坦。

通常，标准白板只是作为校准之用。由于标准白板的保存、清洁等不太方便，在实际的颜色测量中，经常使用的是容易保存、清洁且经久耐用的工作白板。

2. 测色条件

绝大多数被测样品不是完全反射漫射体，存在不均匀的吸收、透射及反射。因此，照明（角度）和观测（角度）条件对测色很重要。在不同照明（角度）和观测（角度）条件下，被测样品表面的光谱反射因数 $R(\lambda)$ 是不同的。CIE 于 1971 年正式推荐了四种测色的"标准照明和观测条件"（图 2-1-1）：

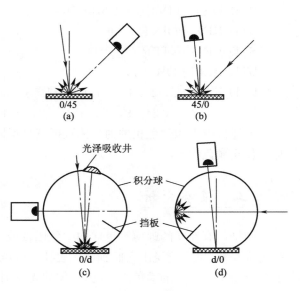

图 2-1-1　标准照明和观测条件

（1）0/45（垂直照明，45°观察）；

（2）45/0（45°照明，垂直观察）；

（3）0/d（垂直照明，漫射观察）；

（4）d/0（漫射照明，垂直观察）。

（二）分光反射率的测定方法

1. 直接法

使用双光束分光光度仪，首先测定样品对工作白板的分光反射率 $\rho''(\lambda)$，然后按下式计算：

$$\rho(\lambda) = \rho''(\lambda)\rho_{\mathrm{w}}(\lambda)\rho_0(\lambda) \tag{2-1-1}$$

式中：$\rho_0(\lambda)$ 为标准白板的分光反射率；$\rho_{\mathrm{w}}(\lambda)$ 为工作白板对标准白板的分光反射率；$\rho''(\lambda)$ 为样品对工作白板的分光反射率。

2. 间接法

适用于单光束分光光度仪，首先测定工作白板的分光反射率 $\rho''_{\mathrm{w}}(\lambda)$，然后用样品代替工作白板测定 $\rho'(\lambda)$，最后按下式计算：

$$\rho(\lambda) = \rho''_{\mathrm{w}}(\lambda)\frac{\rho''(\lambda)}{\rho''_{\mathrm{w}}(\lambda)}\rho_0(\lambda) \tag{2-1-2}$$

式中：$\rho_0(\lambda)$ 为标准白板的分光反射率；$\rho''_{\mathrm{w}}(\lambda)$ 为工作白板的分光反射率；$\rho''(\lambda)$ 为样品对工作白板的分光反射率。

（三）分光反射率曲线

分光反射率曲线表示法是最简单、最直观的方法，它是以物体对光的反射成分和强度来加以描述的。分光反射率曲线表示法在染整行业中的应用日渐广泛，对于确认色样和检查颜色非常具有实际意义。

分光反射率数据对颜色的描述是唯一的，因此可以把它作为"指纹"。可以通过绘制分光反射率曲线来目测评估该"指纹"。有色物体对不同波长的光的反射率是波长的函数，该信息可以在由横轴（代表不同的波长）和纵轴（代表每个参考点下的反射率强度）组成的栅格上绘制成曲线，这样便得到分光反射率曲线。图 2-1-2 和图 2-1-3 为某些试样的分光反射率曲线。

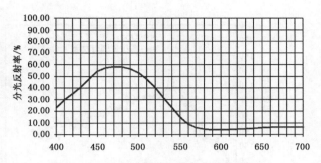

图 2-1-2　蓝色试样的分光反射率曲线

根据分光反射率曲线可以判别颜色的基本属性，判断结果如下：

（1）色相，可以通过曲线最高峰所对应的波长表示，如曲线最高峰对应的波长为 470 nm，表示色样的颜色为蓝色；

（2）亮度，用曲线与横轴所包围的面积来衡量，面积越大，表示颜色越亮；

（3）纯度，可根据曲线波峰的高低和宽窄来判别，波峰越高、越窄，颜色纯度越高、越鲜艳。

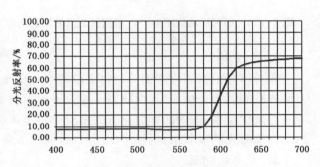

图 2-1-3　红色试样的分光反射率曲线

分光反射率数据与光源无关，因为测量的是反射光的百分数。不论什么光源，分光反射率是相同的。

（四）分光光度仪的构成

分光光度仪的作用是通过对物体进行测量，测得该物体的分光反射率。分光光度仪由光源、单色器、积分球、光电检测器和数据处理装置等部分组成。

1. 光源

在可见光区域，分光光度仪常用的照明光源有两种。一种为高强度脉冲氙灯，这种灯借助电流通过氙气的办法产生强辐射，其光谱在 250～700 nm 范围内是连续的，色温为 6 500 K，其特点为瞬间光强度大、寿命长、测试分辨率高、光稳定、样品被照射时间短、不易变化等。另一种为卤钨丝灯，其中以碘钨丝灯用得较多，通过将碘封入石英质的钨丝灯泡内而制成，光谱在 350～2 500 nm 区域，色温为 3 000 K，其能量的主要部分是在红外区域发射的，其特点为光强度低、紫外线含量低、预热后比较稳定、测试重复性好，但是长时间开机烘烤积分球，加速老化，不适合热敏感样品。因此，最佳的仪器内照明光源应为高强度脉冲氙灯，而且通过滤光片可模拟 D65 标准照明体（图 2-1-4）。

2. 单色器

分光光度仪的核心组件之一是分光部分，即单色器。它的作用是将来自光源的连续光辐射色散，从中分离出一定宽度的谱带，即将复合光分光而成为单色光。最初使用三棱镜，但由于其线性差，早已淘汰。目前单色器主要有两种：一种是光栅，一种是窄带滤光片。光栅单色器的色散几乎不随波长发生变化，并且可用于远紫外和远红外区域。因此，现代分光光度仪大多使用光栅作为色散元件（图2-1-5）。

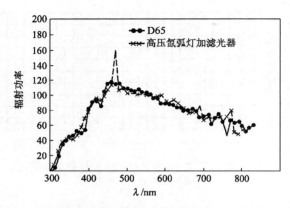

图 2-1-4　模拟标准照明体 D65 的高压氙灯的辐射功率分布

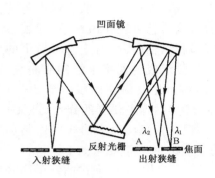

图 2-1-5　光栅单色器的光学设计

3. 积分球

积分球是内壁用硫酸钡等材料刷白的空心金属球体,一般直径为 50～200 mm,球壁上开有测样孔等若干开口,开孔面积以不超过反射面的 10% 为宜。积分球的作用是将光源发射的光进行屡次反射,球内的光因充分的漫反射而通体照亮,使球内任意一点的光强都相等。刷白后的内壁对光的吸收很少,经多次反射后,能以很高的比例输出。

4. 光电检测器

光电检测器是检测光谱辐射通量的元件,其作用是把经单色器分光后形成的单色光照射到光电检测接收器上转变成电信号,电信号经进一步模/数转换成计算机可以处理的数据。包括光电倍增管和光敏硅二极管两类。光电倍增管的灵敏度高,但是测量速度慢,m 个波长点至少需要 m 次检出。光敏硅二极管可一次检出各个波长下的光信号。

(五) 分光光度仪的测色原理

分光光度仪的测色原理是:照明光线直接进入积分球,在积分球内形成漫反射的白光,这种漫反射白光照射到样品上,通过样品的吸收和散射作用,在与样品垂直的方向上射出积分球,进入单色器分光,最后由检测器测得分光后每一波长下的光能,以参比白标准的反射能量为基准,计算并输出样品的分光反射率。

(六) 仪器的选型

应结合单位实际情况(包括生产情况、资金条件、用途等)选择合适的价格和精度的仪器。选购时主要注意以下内容。

1. 软件和硬件系统

(1) 购买双光速产品,精度高、稳定性好;而单光速产品的稳定性、重现性较差。

(2) 购买波长精度高的产品,在可见光范围内,每 3 nm 或更小波长的取样精度有利于精确分色,且输出的反射率数据不少于 31 个波长点。

(3) 仪器重现性高,同点多次测量,漂移较小,一般色差值 $\Delta E_{\text{CIE LAB}}$ 应低于 0.02。这是一项重要指标,代表仪器的稳定性,指的是以 CIE LAB 色差公式计算出来的色差(ΔE)值。

（4）仪器间数据交换性高，是指同一块样品采用不同的仪器测量，其数据偏差要小。这也是一项重要指标，特别对于进行颜色数据传递的公司，这是首要指标。一般 $\Delta E \leqslant 0.02$ 时，人眼便分辨不出差异，所以数据交换性指标应小于这个值才有意义。

（5）波长范围为 380～780 nm 即可以满足使用要求。

（6）可以真正进行"现场维修"的产品。

2. 符合国际社会主流趋势

以往这一点没有被工厂重视，而现在必须予以关注。最主要的是取决于工厂是否与国际各大百货公司进行贸易。很多国际大百货公司（如 Wal-mart、Target、Adidas、Puma、Tommy Hilfiger 等）都指定使用 Datacolor SF 600 系统进行颜色检测。

3. 售后服务和技术支持

售后服务的完善是当客户需要的时候，供货商能在第一时间做出反应并提供服务；而技术支持的有效是指供货商有相关专业的技术力量提供技术服务，这是专业性的，需要懂得工厂实际，否则只能是纸上谈兵。

（七）Datacolor 公司产品

Datacolor 公司推出的 SF 600 型分光光度仪（图 2-1-6）采用真双光速方式和 D65 脉冲氙灯照明，仪器内有自动紫外线校正装置，5 个照射孔径自动对照，以 2 nm 的波长精度进行测量，仪器本身的稳定性为 $0.01\Delta E$(CIELab)，仪器之间的数据交换性最大偏差为 $0.12\Delta E$(CIELab)（对标准白瓷砖）、平均偏差为 $0.08\Delta E$(CIELab)，仪器分辨率为 0.003%，是目前精度最高的仪器。后续项目中的仪器实际操作都是以 Datacolor SF 600 分光光度仪为主进行介绍。

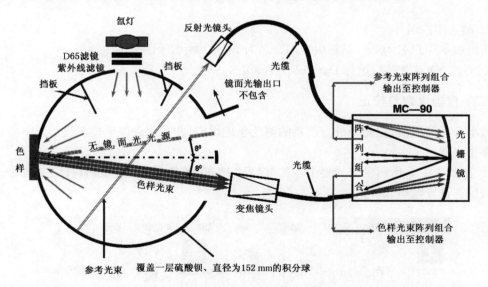

图 2-1-6　Datacolor SF 600 系统

任务 2-1-1   任务 2-1-2
仪器校正   反射率的测定

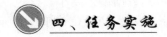 四、任务实施

（一）运行 Datacolor TOOLS

1. 双击桌面上的 Datacolor TOOLS Plus 图标 ![图标]，弹出图 2-1-7 所示的登录界面。

图 2-1-7　登录界面

2. 键入用户名。

纺织版本用户名为 dci，颜料版本用户名为 user，原始密码为空白。

3. 点击"确定"按钮，运行 Datacolor TOOLS 程序。

（二）仪器设定与校正

每次开机测色前，首先要进行仪器的测色条件设定，并在此条件下校正仪器。下面介绍具体的操作步骤：

1. 在图 2-1-8 所示的工具栏中点选"仪器"按钮，再点击"校正"按钮，弹出图 2-1-9 所示的仪器校正设置窗口。

图 2-1-8　工具栏

2. 在图 2-1-9 所示的窗口中，点击"校正"按钮，在"校正条件"窗口中选择所需要的测色条件。

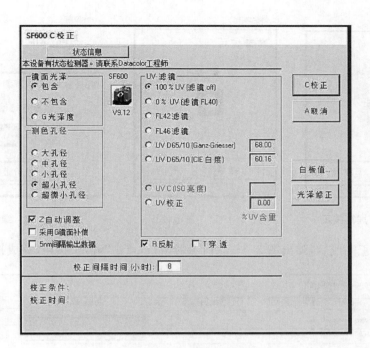

图 2-1-9　仪器校正设置

3. 根据待测样品的特点,在图 2-1-9 所示的窗口中选择测色条件。

(1) 镜面光泽的设定分为"包含""不包含""G 光泽度"三种,可根据待测样品的的特征及客户要求确定。

(2) 测色孔径分为"大孔径""中孔径""小孔径""超小孔径""超微小孔径"六种,一般根据待测样品的大小或厂商的要求确定。测量结果是测色孔径范围内颜色采集点的平均值。因此,大孔径能全面地反映样品的颜色特征,其测色结果相对比较准确,测量时应尽量选择大孔径。

(3) 勾选"自动调整"选项,仪器可自动判别当前孔径。

(4) 测色时 UV 含量的选定包括:

① 100％UV:包含 UV,即不使用 UV 滤镜。

② 0％UV:不包含 UV,即使用 UV 滤镜滤去 400 nm 以下的发射光谱。

③ FL42 滤镜:滤去 420 nm 以下的发射光谱。

④ FL46 滤镜:滤去 460 nm 以下的发射光谱。

(5) UV 校正:使用自定义的 UV 滤镜位置测量。

(6) 校正间隔时间:同一设定条件下的校正间隔时间。

4. 设定完成后,点击 C校正 按钮,即开始仪器校正程序。

5. 弹出放置黑筒的提示(图 2-1-10),正确放置黑筒(字体向上)并点击 可继续 按钮。

6. 黑筒校正完成后,弹出放置白板校正的提示(图 2-1-11),将黑筒取下,放置白色校正板,点击 可继续 按钮。

7. 白板校正完成后,弹出放置绿色磁板诊断的提示,将白板取下,更换为绿色诊断板,点击 可继续 按钮。

图 2-1-10 黑筒校正　　　图 2-1-11 白板校正　　　图 2-1-12 绿色磁板诊断

8. 绿板校正完成后,弹出图 2-1-13 所示的窗口,点击"确定"按钮,完成校正程序。

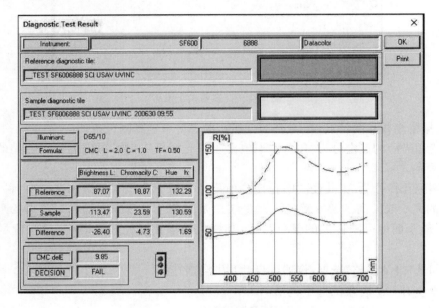

图 2-1-13 诊断测色结果

(三) 绿色磁板数据的删除

如果经过几次校正,仪器始终不合格,可以删除绿色磁板,具体操作过程如下:

1. 在图 2-1-14 中,选择仪器工具栏中的"设置"按钮,弹出图 2-1-15 所示的对话框。

图 2-1-14 仪器工具栏

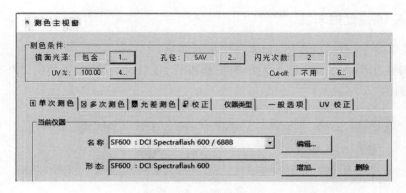

图 2-1-15   仪器测色方式

2. 在图 2-1-15 所示的窗口中,选择"一般选项"中的"绿磁砖测试",弹出图 2-1-16 所示的窗口,在"删除诊断磁砖色样"中点击"删除全部标准",并在色样的位置把当前的绿色磁砖测量一下即可。重新校正,仪器就会合格。

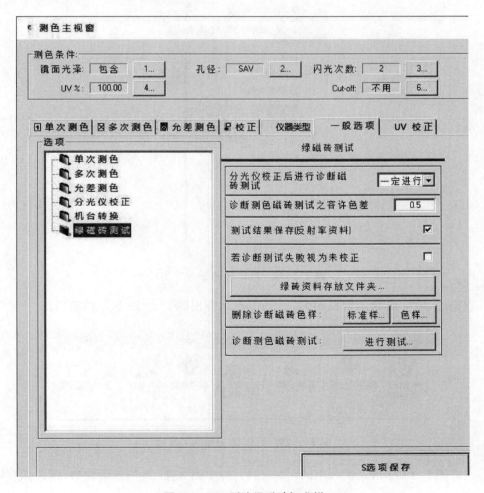

图 2-1-16   删除绿磁砖标准样

（四）输入 16 点反射率值

输入标准样的 16 点反射率值，具体操作步骤如下：

1. 用鼠标点击图 2-1-17 所示界面中的"标准样：仪器平均值"右下角的"▼"按钮，弹出图 2-1-18 所示的窗口。

图 2-1-17　主菜单工具栏

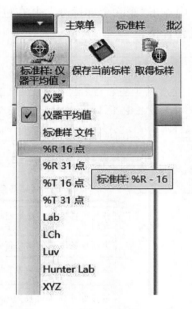

图 2-1-18　％R 16 点输入方式

2. 点击图 2-1-18 所示窗口中的"％R 16 点"，弹出图 2-1-19 所示的窗口。

图 2-1-19　％R 16 点输入工具栏

3. 点击图 2-1-19 所示窗口中的"　"按钮，弹出图 2-1-20 所示的窗口，输入标准样的名称，按"确定"按钮，弹出图 2-1-21 所示的窗口，将反射率数据一一输入，点击"完成"按钮。

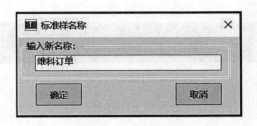

图 2-1-20　输入标准样名称

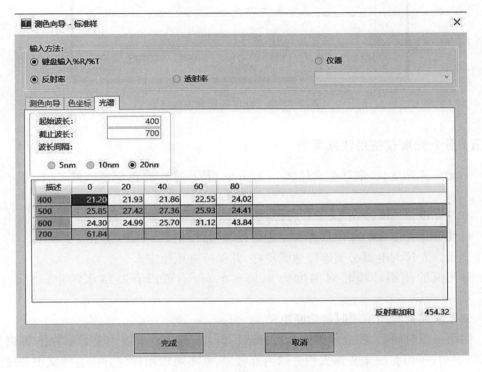

图 2-1-21　输入反射率数据

4. 点击图 2-1-22 所示窗口中的"绘图"选项,然后选择"曲线绘图"中的"％R/％T",弹出图 2-1-23 所示的窗口。

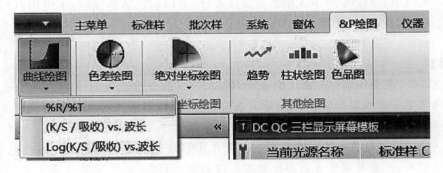

图 2-1-22　曲线绘图选项

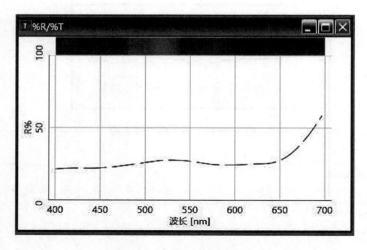

图 2-1-23　标准样反射率曲线

（五）分光光度仪使用注意事项

1. 启动分光光度仪，最好在预热 20～30 min 后，再操作测色配色软件，进行分光光度仪的校正。

2. 分光光度仪连续使用 4～8 h 后，请重新校正，以保证测色的准确性。

3. 每当分光光度仪的测色条件有变更时，须重新校正。

4. 连接分光仪的电源必须连接地线良好，并保持电压稳定。

5. 分光仪的使用环境相对湿度为 40%～60%，不可以有凝结水产生。室温保持在 20～25 ℃。

6. 分光仪在长时间不用时请切断电源。

7. 使用一段时间后，积分球内部会有掉落的纤维或灰尘，请使用吸尘器在距离积分球孔一厘米处吸尘，不可将吸尘头深入积分球内部吸尘，并不可以用任何方式去擦拭积分球内部。

8. 分光仪的积分球内部不可以受潮；不可将潮湿的样品放到分光仪积分球孔上进行测量。

9. 分光仪不可以摔敲，特别是积分球部分。

10. 标准白板、绿板属 BCRA 精密贵重标准件，可用白色软布擦拭，不可用有机或无机溶剂擦洗，请注意保护，不可摔破。

【复习指导】

1. 在特定测色条件下的光谱反射因数 $R(\lambda)$，也可称作分光反射率 $\rho(\lambda)$。颜色测量的关键是测得物体的分光反射率 $\rho(\lambda)$。测量不透明物体的 $\rho(\lambda)$，参照标准是完全反射漫射体。在实际测量中，采用特制的满足一定要求的标准白板或工作白板作为颜色测量的基准。

2. 由于光源、被观测物体和观察者的相互作用取决于光源的漫射和定向性能、观察位置以及光源与样品、样品与观察者之间的特定几何关系，所以国际照明委员会于 1971 年规定了四种标准照明和观测条件，其中在 0/d 条件下测得的分光反射因数，可以称作分光反射率。

3. 分光光度仪在结构上主要由光源、单色器、积分球、光电检测器和数据处理装置等部分组成。在可见光区域，分光光度仪常用的照明光源有两种，一种为高压脉冲氙灯，一种为卤钨丝灯等，两者各有特点。单色器的作用是将从光源发射的连续光谱发生色散，并从中分离出一定宽度的谱带，主要采用光栅元件。积分球是内壁用硫酸钡涂白的空心金属球体，一般直径为 50～200 mm，其作用是将光源发射的光进行屡次反射，球内的光因充分的漫反射而通体照亮，使球内任意一点的光强都相等。光电检测器是将接收到的光信号转变成电信号，电信号进一步经模/数转换成计算机可以处理的数据。

【思考题】

1. 何谓分光反射率？反射率的测定需要哪些条件？
2. 何谓完全反射漫射体？
3. 作为标准白板的材料，一般应该满足什么条件？
4. 什么是工作白板？有什么特点？
5. 分光反射率曲线是如何描述颜色的？说明物体色的分光反射率曲线与色相、明度、饱和度的关系。
6. 简述分光光度仪的组成及各组成部分的作用。
7. 简述使用分光光度仪的注意事项。

任务 2-2　CIE 标准色度学系统表示法

【知识目标】

1. 了解颜色匹配的概念
2. 掌握 CIE RGB 色度学系统和 CIE XYZ 系统表示颜色的方法
3. 掌握标准色度观察者光谱三刺激值以及物体三刺激值（X、Y、Z）的含义
4. 了解颜色基量是如何确定的
5. 了解三刺激值和色度坐标的计算
6. 了解色温和相关色温的概念
7. 熟悉常用的标准光源的类型
8. 了解主波长和兴奋纯度的含义及计算

【技能目标】

1. 能够将三刺激值数据输入电脑，转化成颜色
2. 能对色样进行三刺激值的测量
3. 能根据三刺激值的数据，描述颜色的三个基本属性

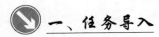 **一、任务导入**

现有一国外客户，传过来一份订单，该订单上的颜色数据为 $X=23.45$、$Y=10.68$、$Z=30.73$，并注明颜色数据是在 D65 的照明条件、标准色度观察者为 10°时测得的。要求印染厂

打出客户要求的色样。这一组数据到底代表什么颜色呢？

 二、任务分析

通过前文的学习,已了解到颜色的混合,即红、绿、蓝三原色光以不同的比例混合可以产生不同的颜色,品红、黄、青三种色料混合在一起也会产生不同的颜色。这组数据和颜色的混合是否有一定的联系呢？ 该组数据是怎样和颜色对应的呢？ 为了完成此任务,下面学习相关的基本知识和操作技能。

 三、相关知识链接

在颜色相关产业,如图像艺术、涂料、纺织品等,颜色三要素的不同会引发设计者、客户、供应商、印刷商和其他制造商的颜色差异。为了帮助客户准确地交流颜色信息,提出了多种颜色模型。所谓颜色模型,就是指某个三维颜色空间中的一个可见光子集,它包含颜色域的所有颜色。例如,评估两个非常匹配的"红色"时,可以通过数值来比较它们在三维色空间中的关系,而不是用"更红"或"更黑"之类的词。这些模型也帮助我们更好地描述颜色,代替"淡黄"或"金黄"之类含义模糊的词。

色度学中可以采用相关参数对颜色进行定量表示,而依据这些相关参数,反过来又可以把相应的颜色复制出来,从此使颜色的评价实现了定量化。这样,在颜色的准确评价、人与人在颜色方面的交流、颜色的远程传递等诸多方面,都带来了极大的方便。CIE 标准色度学系统正是适应这样的要求而建立的,它是色度学中颜色表示及颜色相关参数计算的基础。CIE(国际照明委员会)是 Commission Internationale de L'Eclairage(法)或 International Commission on Illumination(英)的缩写,是世界闻名的研究颜色的学术组织。

(一) 颜色匹配实验

把两个颜色调整到视觉上相同或相等的方法称为颜色匹配。颜色匹配实验是利用色光的混合来实现的,如图 2-2-1。图中左方是一块白色屏幕,上方为红(R)、绿(G)、蓝(B)三原色光,下方为待配色光 C。三原色光照射白屏幕的上半部,待配色光照射白屏幕的下半部,白屏幕上下两部分之间用一块黑挡屏隔开,由白屏幕反射出来的光通过小孔抵达右方观察者的眼内。待配色光可以通过调节上方三原色光的强度来混合形成。在此实验装置上可以进行一系列的颜色匹配实验。

红、绿、蓝不是唯一的三原色。只要三个颜色中任何一个均不能由其余两个颜色相加混合而得到,这三个颜色就是一组三原色。选红、绿、蓝作为三原色是因为它们混合所产生的颜色范围最广,人的眼睛对这三种颜色的刺激最敏感,因此是最优的三原色。

(二) CIE RGB 表色系统

1. 三原色的单位量与颜色方程

根据颜色匹配实验,三原色不是唯一的,这为理论研究和实际应用带来了混乱。为了统一色度数据,CIE 根据大量的实验材料,规定红、绿、蓝三原色的波长分别为 700 nm、546.1 nm、

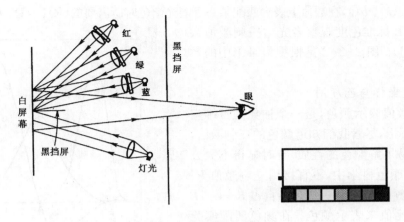

图 2-2-1　颜色匹配实验

435.8 nm。在颜色匹配实验中,选等能白光 E 作为标准,用选定的三原色光相加混合,与白光 E 相匹配,设达到匹配时所需三原色光的光通量分别为 Φ_R、Φ_G、Φ_B,单位为"lm",当其比值为 1.000 0 : 4.590 7 : 0.060 1 时,正好能匹配出白光。

为了计算方便,分别把(R)= 1 lm、(G)= 4.590 7 lm、(B)= 0.060 1 lm 作为单位量"1" 来看,作为红、绿、蓝三原色的单位量。尽管这时三原色的亮度值并不相等,但 CIE 把每一种原色的亮度值作为一个单位看待,根据亮度相加定律,混合色的总亮度等于组成混合色的各颜色光的亮度的总和,则混合白光的亮度为:

白光的光通量 Φ_E = 1(R)+ 1(G)+ 1(B)= 1+4.590 7+0.060 1 = 5.650 8 lm

1 lm 的光通量是指频率为 540×10^{12} Hz、辐通量为 1/673 W 的单色光所辐射的能量。

不同的待配色光,达到匹配时所需的三原色光的亮度不同。对于任一待匹配色光 C 可用颜色方程表示如下:

$$C = R(R) + G(G) + B(B) \qquad (2-2-1)$$

其中,C 为待配色光,R、G、B 为混色比例,表示匹配颜色 C 需要多少个(R)、(G)、(B)。因此,色度学中把 R、G、B 称为三刺激值,即一组三刺激值可以表示一个颜色。

2. CIE RGB 标准色度观察者光谱三刺激值

所谓标准色度观察者,是一组数据,主要用于描述人眼对色彩的感知变化情况,是根据W. D. Wright 在 1928 年与 J. Guild 在 1931 年进行的颜色匹配实验发展出来的理论。此实验中,把 380~780 nm 的等能光谱色作为待匹配光源,投射在白屏幕上,采用红、绿、蓝三种色光进行颜色匹配实验,并由约 100 个具有正常判色能力的人进行观察,判色者依照个人的判色能力自行调整 R、G、B 的比例,以便调配出与待匹配光源最吻合的色光,最后收集这些人所判定的各种不同光源的能量值。实验时,匹配每一波长为 λ 的等能光谱色所需要的(R)、(G)、(B)的数量,称为标准色度观察者光谱三刺激值,记为 $\bar{r}(\lambda)$、$\bar{g}(\lambda)$、$\bar{b}(\lambda)$。它们是 CIE 在对等能光谱色进行匹配时用来表示红、绿、蓝三原色的专用符号。因此,匹配波长为 λ 的等能光谱色 C(λ)的颜色方程为:

$$C(\lambda) = \bar{r}(\lambda)(R) + \bar{g}(\lambda)(G) + \bar{b}(\lambda)(B) \qquad (2-2-2)$$

式中：$\bar{r}(\lambda)$、$\bar{g}(\lambda)$、$\bar{b}(\lambda)$ 在数值上表示匹配某一等能光谱色时所需要的（R）、（G）、（B）的数量。

CIE RGB 标准色度观察者光谱三刺激值数据详见附录Ⅰ。图 2-2-2 是根据附录Ⅰ中的数据绘制的曲线。

3. 色度坐标与色度图

以三刺激值表示颜色，是一个抽象的三维空间的量。实际上，尽管我们知道颜色的三刺激值，但仍然不容易了解颜色的性质，有时显得不太方便。因此，在颜色科学中，不直接用三刺激值 R、G、B 来表示颜色，而是用三原色各自占 $R+G+B$ 总量的相对比值来表示颜色。在颜色匹配实验中，为了表示 R、G、B 三原色各自在 $R+G+B$ 总量中的相对比例，引入色度坐标 r、g、b。

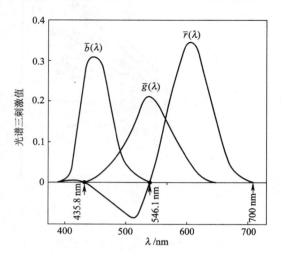

图 2-2-2　CIE RGB 光谱三刺激值曲线

$$\left.\begin{array}{l} r = R/(R+G+B) \\ g = G/(R+G+B) \\ b = B/(R+G+B) \end{array}\right\} \qquad (2\text{-}2\text{-}3)$$

由上式可知 $r+g+b=1$。若待配色为等能光谱色，则上式可写为：

$$\left.\begin{array}{l} r(\lambda) = \bar{r}(\lambda)/[\bar{r}(\lambda) + \bar{g}(\lambda) + \bar{b}(\lambda)] \\ g(\lambda) = \bar{g}(\lambda)/[\bar{r}(\lambda) + \bar{g}(\lambda) + \bar{b}(\lambda)] \\ b(\lambda) = \bar{b}(\lambda)/[\bar{r}(\lambda) + \bar{g}(\lambda) + \bar{b}(\lambda)] \end{array}\right\} \qquad (2\text{-}2\text{-}4)$$

式中：$r(\lambda)$、$g(\lambda)$、$b(\lambda)$ 为光谱色度坐标，其计算值见附录Ⅰ。

这样，将原来的三维空间直角坐标转化为二维平面直角坐标。知道其中两个，就可以知道第三个。取 r 值对 g 值作图，得 r-g 色度图，见图 2-2-3，它是根据附录Ⅰ中的光谱色度坐标数据画出的 r-g 色度图的轮廓曲线，r 和 g 值称为色度坐标。图中蛇形曲线为光谱色在图中的轨迹，通常称为光谱轨迹；连接光谱轨迹两端的直线代表一系列的紫色，称为纯紫轨迹。自然界中所有的颜色都在光谱轨迹和纯紫轨迹的包围之中。这一系统规定的等能白光（E 光源，色温 5 500 K）位于色度图的中心（0.33，0.33）。在 CIE r-g 色度图中，色度坐

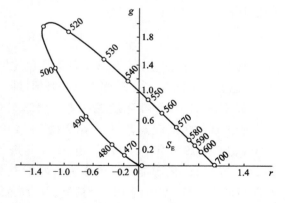

图 2-2-3　CIE r-g 色度图

标反映的是三原色各自在三刺激值总量中的相对比例，一组色度坐标表示色相和饱和度相同而亮度不同的那些颜色的共同特征，因此 CIE r-g 色度图并不反映颜色亮度的变化，色度图的轮廓表达了颜色的色域范围。在这个系统中，任何颜色都能由三个标准原色匹配而得到。这样就解决了用三原色混合来匹配给定颜色的色光问题。

从附录Ⅰ中可以看到，在很多情况下光谱三刺激值是负值。这是因为待配色为单色光，其

饱和度很高,而三原色光混合后,饱和度必然降低,无法和待配色实现匹配。这表明不可能利用红、绿、蓝三种色光来匹配对应的光,而只能在给定的光上叠加曲线中负值所对应的原色,来匹配另两种原色的混合光。为了实现颜色匹配,实验中须将上方红、绿、蓝一侧的三原色光之一移到待配色一侧,并与之相加混合,从而使上下色光的饱和度相匹配。

例如,将红原色移到待配色一侧实现颜色匹配,则颜色方程为:

$$C(\lambda) + \bar{r}(\lambda)(R) = \bar{g}(\lambda)(G) + \bar{b}(\lambda)(B) \tag{2-2-5}$$

$$C(\lambda) = -\bar{r}(\lambda)(R) + \bar{g}(\lambda)(G) + \bar{b}(\lambda)(B) \tag{2-2-6}$$

因此,待配色出现了负值。从图 2-2-3 中也可以看出,在偏马蹄形的光谱轨迹中,很大一部分色度坐标 r 为负值。

CIE 1931 RGB 表色系统的特点为:第一,CIE 1931 RGB"标准色度观察者光三刺激值"代表人的眼睛的平均视觉特性,$\bar{r}(\lambda)$、$\bar{g}(\lambda)$、$\bar{b}(\lambda)$ 的值由实验得到,作为标准可以用于颜色色度的计算;第二,计算过程中出现负值,计算复杂,不容易理解。因此,国际照明委员会推荐了一个新的国际色度学系统 CIE 1931 XYZ 系统,又称为 XYZ 国际坐标制。

(三) CIE 1931 XYZ 标准色度系统

1. CIE RGB 系统与 CIE XYZ 系统的转换关系

要建立满足上述条件的 CIE 1931 XYZ 系统,需要在 RGB 系统的基础上,用数学方法选用三个理想的原色来代替实际的三原色。选择的三个理想的原色为 X、Y、Z,X 代表红原色,Y 代表绿原色,Z 代表蓝原色,这三个原色不是物理上的真实色,而是虚构的假想色。如何选择这三个假想的原色呢?应基于以下三点来考虑:

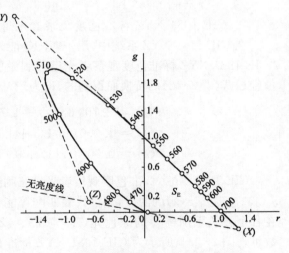

(1) 由这三个原色所组成的三角形区域应包围整个光谱轨迹,这三个假想的原色在 r-g 色度图中的位置如图 2-2-4 所示。这样,在这个 XYZ 系统中得到的光谱三刺激值 $\bar{x}(\lambda)$、$\bar{y}(\lambda)$、$\bar{z}(\lambda)$ 和色度坐标 $x(\lambda)$、$y(\lambda)$、$z(\lambda)$ 将完全变成正值。

图 2-2-4　假想原色在 r-g 色度中的位置

(2) 使 (X) 和 (Z) 的亮度为零,这样就可以用 Y 值直接表示亮度,计算时更方便,其确定方法如下。

如前所述,CIE RGB 三原色的亮度方程为:

$$Y = r + 4.590\,7g + 0.060\,1b \tag{2-2-7}$$

若此颜色在无亮度线上,则 $Y=0$,即:

$$r + 4.590\,7g + 0.060\,1b = 0 \tag{2-2-8}$$

在 r-g 色度图中,$r+g+b=1$,故对式(2-2-8)经过数学处理得:

$$0.939\ 9r + 4.530\ 6g + 0.060\ 1 = 0 \tag{2-2-9}$$

式(2-2-9)为一直线方程,即(X)和(Z)零亮度线方程,所以直线上的各点只有色度,没有亮度;而(Y)既有色度,又有亮度。

(3) 使光谱轨迹内的真实颜色尽量落在假想的三刺激值 X、Y、Z 所包围的三角形内较大部分的空间,从而减少三角形内假想色的范围。

人们发现 540~700 nm 波段内的光谱轨迹在 r-g 色度图中基本上是一条直线,该直线在 r-g 坐标体系中的位置可以用以下直线方程表示:

$$r + 0.99g - 1 = 0 \tag{2-2-10}$$

把此直线作为新系统中假想原色的 X、Y 的边,如图 2-2-4 所示。另外再找一条线,与光谱轨迹上波长 503 nm 处靠近,这条直线的方程为:

$$1.45r + 0.55g + 1 = 0 \tag{2-2-11}$$

上述式(2-2-9)(2-2-10)和(2-2-11)的交点,就是假想三原色 X、Y、Z 三点在 r-g 色度图中的坐标。

X: $r = 1.257\ 0, g = -0.277\ 8, b = 0.002\ 8$

Y: $r = -1.739\ 2, g = 2.767\ 1, b = -0.027\ 9$

Z: $r = -0.743\ 1, g = 0.140\ 9, b = 1.602\ 2$

2. CIE 1931 XYZ 标准色度观察者光谱三刺激值

在 CIE 1931 XYZ 系统中,用于匹配等能光谱所需要的原色光(X)、(Y)、(Z)的数量称为"CIE 1931 XYZ 标准色度观察者光谱三刺激值"。其值是由 CIE-RGB 系统中的光谱三刺激值经过式(2-2-12)的转换而得到的,记为 $\bar{x}(\lambda)$、$\bar{y}(\lambda)$、$\bar{z}(\lambda)$。

$$\left.\begin{aligned}
\bar{x}(\lambda) &= 2.769\ 6\ \bar{r}(\lambda) + 1.751\ 8\ \bar{g}(\lambda) + 1.130\ 14\ \bar{b}(\lambda) \\
\bar{y}(\lambda) &= 1.000\ 06\ \bar{r}(\lambda) + 4.590\ 7\ \bar{g}(\lambda) + 0.060\ 1\ \bar{b}(\lambda) \\
\bar{z}(\lambda) &= 0.000\ 0\ \bar{r}(\lambda) + 0.056\ 5\ \bar{g}(\lambda) + 5.594\ 2\ \bar{b}(\lambda)
\end{aligned}\right\} \tag{2-2-12}$$

CIE 1931 XYZ 标准色度观察者光谱三刺激值 $\bar{x}(\lambda)$、$\bar{y}(\lambda)$、$\bar{z}(\lambda)$ 的曲线,分别代表匹配等能光谱在各个波长下所需要的原色光(X)、(Y)、(Z)的数量。图 2-2-5 所示为 CIE 1931 XYZ 标准色度观察者光谱三刺激值曲线。

若将 $\bar{x}(\lambda)$ 所占总面积用 X 代替,将 $\bar{y}(\lambda)$ 所占总面积用 Y 代替,将 $\bar{z}(\lambda)$ 所占总面积用 Z 代替,则 X、Y、Z 分别代表匹配等能白光时所需要的原色光(X)、(Y)、(Z)的数量,即等能白光 E 的三刺激值。

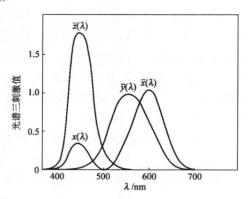

图 2-2-5　CIE 1931 XYZ 光谱三刺激值曲线

3. CIE 1931 x-y 色度坐标

知道了 X、Y、Z 的值,就可以按照式(2-2-13)计算色度坐标:

$$x = \frac{X}{X+Y+Z}; \ y = \frac{Y}{X+Y+Z}; \ z = \frac{Z}{X+Y+Z} \tag{2-2-13}$$

CIE 1931 XYZ 系统的光谱色度坐标是由 CIE RGB 系统中的光谱色度坐标转换而来的，其转换关系为：

$$
\left.
\begin{aligned}
x(\lambda) &= \frac{0.490\,\bar{r}(\lambda) + 0.310\,\bar{g}(\lambda) + 0.200\,\bar{b}(\lambda)}{0.667\,\bar{r}(\lambda) + 1.132\,\bar{g}(\lambda) + 1.200\,\bar{b}(\lambda)} \\
y(\lambda) &= \frac{0.177\,\bar{r}(\lambda) + 0.812\,\bar{g}(\lambda) + 0.010\,\bar{b}(\lambda)}{0.667\,\bar{r}(\lambda) + 1.132\,\bar{g}(\lambda) + 1.200\,\bar{b}(\lambda)} \\
z(\lambda) &= \frac{0.000\,\bar{r}(\lambda) + 0.010\,\bar{g}(\lambda) + 0.990\,\bar{b}(\lambda)}{0.667\,\bar{r}(\lambda) + 1.132\,\bar{g}(\lambda) + 1.200\,\bar{b}(\lambda)}
\end{aligned}
\right\}
\qquad (2\text{-}2\text{-}14)
$$

　　这就是我们通常用来进行变换的关系式，所以，只要知道某一颜色的色度坐标 r、g、b，就可以求出它们在新设想的三原色 X、Y、Z 颜色空间中的色度坐标 x、y、z。通过式（2-2-14）的变换，对光谱色或一切自然界的色彩而言，变换后的色度坐标均为正值，而且等能白光 E 的色度坐标仍然是（0.33，0.33），没有改变。

　　CIE 1931 标准色度观察者光谱三刺激和色度坐标见附录Ⅱ。附录Ⅱ中的数据是由附录Ⅰ中的数据，按照式（2-2-12）和式（2-2-14）计算的结果。从附录Ⅱ中可以看出所有光谱色度坐标 $x(\lambda)$、$y(\lambda)$、$z(\lambda)$ 的数值均为正值。

　　为了使用方便，将图 2-2-4 中由 X、Y、Z 组成的三角形转换为直角三角形，如图 2-2-6 所示，其色度坐标为 x 和 y。用附录Ⅱ中各波长的光谱色度坐标在图中描点，然后将各点连接，即成为 CIE 1931 x-y 色度图的光谱轨迹。由图 2-2-6 可看出，该光谱轨迹曲线落在第一象限之内，所以肯定为正值。这就是目前国际通用的 CIE 1931 x-y 色度图。

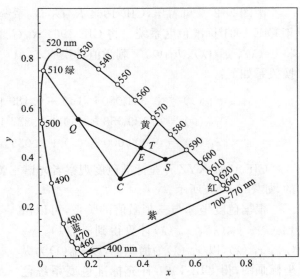

图 2-2-6　CIE 1931 x-y 色度图

（四）CIE 1964 补充标准色度系统

　　CIE 1931 标准系统建立后，经过多年实践证明，CIE 1931 标准色度观察者数据代表了人眼 2°视场的视觉平均特性。但是，当观察视场大于 4°时，某些研究者在实验中发现 $\bar{x}(\lambda)$、$\bar{y}(\lambda)$、$\bar{z}(\lambda)$ 在波长 380～460 nm 区间内的数值偏低。这是由于在大面积视场观察条件下，杆体细胞的参与以及中央窝黄色素的影响，颜色视觉会发生一定的变化。日常生活中，观察物体的视野范围经常超过 2°。因此，为了适应大视场颜色测量的需要，CIE 在 1964 年规定了一组"CIE 补充标准色度观察者光谱三刺激值"，简称为"CIE 1964 补充标准色度观察者"，这一系统称为"CIE 1964 补充标准色度系统"，也叫做"10°视场 $X_{10}Y_{10}Z_{10}$ 色度系统"。

　　附录Ⅲ中的数据为 CIE 1964 $R_{10}G_{10}B_{10}$ 系统补充色度观察者光谱三刺激值。图 2-2-7 是根据附录Ⅲ中的光谱三刺激值所绘制的曲线。

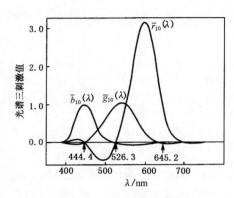

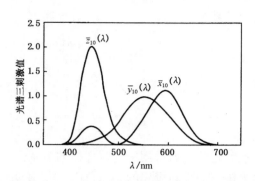

图 2-2-7　CIE 1964 补充标准色度观察者
光谱三刺激值曲线

图 2-2-8　CIE 1964 XYZ 补充标准色度观
察者光谱三刺激值曲线

由图 2-2-7 可看出，CIE 1964 $R_{10}G_{10}B_{10}$ 系统的光谱三刺激值曲线中有一部分负值，类似于 CIE 1931 标准色度系统。将 CIE 1964 $R_{10}G_{10}B_{10}$ 向 CIE 1964 $X_{10}Y_{10}Z_{10}$ 进行坐标转换，可将 $\bar{r}_{10}(\lambda)$、$\bar{g}_{10}(\lambda)$、$\bar{b}_{10}(\lambda)$ 三刺激值转换成 $\bar{x}_{10}(\lambda)$、$\bar{y}_{10}(\lambda)$、$\bar{z}_{10}(\lambda)$（见附录 Ⅳ）。CIE 推荐的转换关系如下：

$$\left.\begin{array}{l} \bar{x}_{10}(\bar{v}) = 0.341\,080\,\bar{r}_{10}(\bar{v}) + 0.189\,145\,\bar{g}_{10}(\bar{v}) + 0.387\,529\,\bar{b}_{10}(\bar{v}) \\ \bar{y}_{10}(\bar{v}) = 0.139\,058\,\bar{r}_{10}(\bar{v}) + 0.837\,460\,\bar{g}_{10}(\bar{v}) + 0.073\,316\,\bar{b}_{10}(\bar{v}) \\ \bar{z}_{10}(\bar{v}) = 0.000\,000\,\bar{r}_{10}(\bar{v}) + 0.039\,553\,\bar{g}_{10}(\bar{v}) + 2.026\,200\,\bar{b}_{10}(\bar{v}) \end{array}\right\} \quad (2\text{-}2\text{-}15)$$

CIE 1964 XYZ 补充标准色度观察者光谱三刺激值曲线是根据附录 Ⅳ 中的数据描绘而成的，如图 2-2-8 所示。

根据色度坐标与三刺激值的关系，可以由 $\bar{x}_{10}(\lambda)$、$\bar{y}_{10}(\lambda)$、$\bar{z}_{10}(\lambda)$ 计算得到 $x_{10}(\lambda)$、$y_{10}(\lambda)$、$z_{10}(\lambda)$，以 $x_{10}(\lambda)$ 为横坐标，以 $y_{10}(\lambda)$ 为纵坐标画图，得 CIE 1964 补充标准色度系统色度图，如图 2-2-9 所示。

CIE 1964 与 CIE 1931 色度系统的色度图相比较，略有不同，如图 2-2-10 所示。

由图 2-2-10 可看出两者的光谱轨迹的形状很相似，但相同波长的光谱色在各自光谱轨迹上的位置有相当大的差异。例如，在 490～500 nm 一带，两张图中的近似坐标值的波长相差达 5 nm 以上，其他相同波长的坐标值也有差异，仅 600 nm 处的光谱色坐标值大致相近。两张色度图上，唯一重合的色度点就是等能白点 E。如果将两者的光谱三刺激值曲线绘在同一坐标平面内进行比较，则更清楚地看到它们的差异，见图 2-2-11。

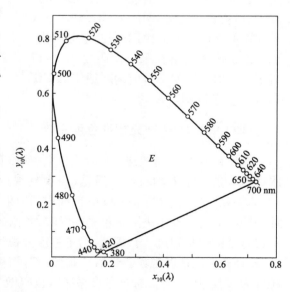

图 2-2-9　CIE 1964 XYZ 补充标准色度系统色度图

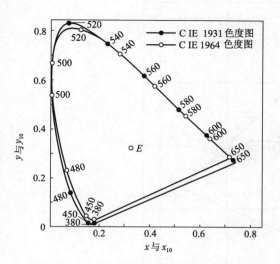

图 2-2-10　CIE 1931 和 CIE 1964 色度图

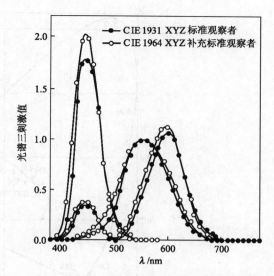

图 2-2-11　CIE 1931 和 CIE 1964 光谱三刺激值曲线

研究还表明,人眼用小视场观察颜色时,辨别颜色差异的能力较低;当观察视场从 2°增大到 10°时,颜色匹配的精度随之提高;但视场进一步增大,颜色匹配精度的提高就不明显了。

(五)标准照明体和标准光源

在国家标准中,颜色被定义为"光作用于人眼引起的除形象以外的视觉特性"。也就是说,人们对外界事物的颜色进行感知和判断时,光源是决定性的因素。光源分为自然光源和人造光源两种,前者主要指日光,后者包括白炽灯、卤钨灯、荧光灯、氙灯等各种电光源。在长期的生活和生产实践中,人们已经习惯于在自然光下辨认颜色,但是受气候、季节、纬度等因素的影响,自然光的色光并不稳定。因此,现代工业中一般倾向于用人造光源来实现精确对色。

为了描述光源本身的颜色特性,引入色温和相关色温的概念。

1. 色温和相关色温

(1)色温(T_c)　当辐射源在温度 T 时所呈现的颜色与绝对黑体在某一温度(T_c)时的颜色相同时,则将黑体的温度 T_c 称为该辐射源的颜色温度,简称色温,以绝对温度(K)表示。

黑体是非常重要的一类光源。黑体在冷却的时候才显示黑色,一旦受热,它就像金属一样发光,刚开始时像热电炉那样发出暗红色的光,然后逐渐变得像白炽灯泡丝一样,愈来愈亮,愈来愈白。黑体发光的颜色与它的温度有密切关系。应用 CIE 标准色度系统,可以获得该温度下黑体发光的三刺激值和色度坐标,从而在色度图上找到一个对应的色度点。因此,对不同温度的黑体,可以计算出一系列色度坐标点,在色度图上将这些对应点连接起来,便形成一条弧形的温度轨迹,称为黑体轨迹或普朗克轨迹(Planckian locus),如图 2-2-12 所示。黑体轨迹上的各点代表不同温度的黑体光色,当温度由 1 000 K 左右开始升高时,其颜色由红色向蓝色变化。所以,人们用黑体的温度来表示其对应的颜色。

对于白炽灯等热辐射源而言,由于其光谱分布与黑体比较接近,所以它们的色度坐标点基本处在黑体轨迹上。可见色温的概念能够恰当地描述白炽灯的色光。一般,色温高,表示蓝、绿光的组分多些;色温低,则橙、红光的成分多些。

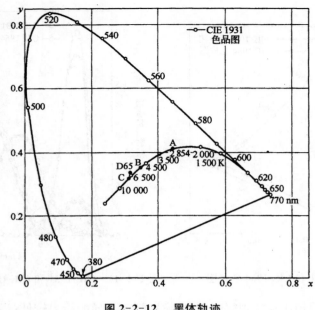

图 2-2-12　黑体轨迹

（2）相关色温（T_{cp}）　对于白炽灯以外的某些常用辐射源,其光谱分布与黑体相差较远,它们的相对光谱功率分布所决定的色度坐标不一定准确地落在色度图的黑体轨迹上,而是在该轨迹的附近。这时需要采用相关色温的概念来表征和比较这类辐射源的色光特性。当辐射源的颜色与黑体在某一温度下的颜色在色度图上的坐标点相距最小时,就可用该黑体的温度来表示此辐射源的色温,并称之为该辐射源的相关色温,通常用符号 T_{cp} 表示。表 2-2-1 列出了日常生活中常见发光体的相关色温。

表 2-2-1　常见发光体的相关色温

发光体	色温/K	发光体	色温/K
发红的镍丝	800	发黄的炉火	1 000
发白的炉火	1 200	石蜡的火焰 煤油灯的火焰	1 900
20 W 电灯、乙炔灯	2 400	40 W 充气电灯	2 740
50 W 充气电灯	2 860	100 W 充气电灯	2 920
200 W 以上的放映用电灯、闪光灯	—		3 700
中型闪光灯	3 800	3 200	炭弧 乙炔氧火焰
薄云白天时的太阳光	5 300	晴朗白天高原上的日光	6 000
晴朗的蓝天光	20 000～25 000	—	—

色温和相关色温能够简便地描述光源的色光,至今仍为人们采用。色温或相关色温相同的光源,只说明它们的色光相同,但它们的光谱分布可以有较大的差异。

2. CIE 标准照明体和标准光源

物体的颜色与其本身的光谱反射（或透射）特性和观察条件有关,另外,还和照明体或光源的光谱功率分布密切相关。同一物体在不同的照明体或光源的照明下呈现不同的颜色,这给颜色测量与国际交流带来极大的困难。另一方面,实际的照明光源种类繁多,其中最重要的是日光和灯光。日光随着天空中的云层、季节、时相和地点等的不同,其光谱分布会有显著的差别;灯光属于人工光源,不同品种的光谱分布存在很大差异。因此,为了统一颜色评价的标准,便于比较和传递,提出了标准光源的概念。"光源"是指能发光的物理辐射体,如灯、太阳。所谓标准光源,是指符合颜色测量要求的光源。"标准照明体"仅仅表示一种特定的光谱能量分布,这种分布是根据颜色测量的要求设定的,不一定必须由一个光源直接提供,也不一定能由特定的光源实现。

国际照明委员会(CIE)针对颜色的测量和计算,推荐了几种标准照明体和标准光源。

(1) 标准照明体

① 标准照明体 A。标准照明体 A 代表绝对色温为 2 856 K 的完全辐射体,它的色度坐标处在 CIE 1931 色度图的黑体轨迹上。

② 标准照明体 B。标准照明体 B 代表相关色温约 4 874 K 的直射日光,其色光相当于中午的日光,它的色度坐标紧靠黑体轨迹。由于标准照明体 B 不能准确地代表相应时段的日光,所以 CIE 已经废除这一标准照明体。

③ 标准照明体 C。标准照明体 C 代表相关色温约 6 774 K 的平均昼光,它的色光近似于阴天的天空光,其色度坐标位于黑体轨迹的下方。

④ 标准照明体 D。标准照明体 D 代表各时段的日光的相对光谱功率分布,也叫做典型日光或重组日光。由于其与实际日光具有很近似的相对光谱功率分布,并且比标准照明体 B 和 C 更符合实际日光的色度,因此,CIE 优先推荐 D55、D65 和 D75 的相对光谱功率分布作为代表日光的标准照明体,相当于相关色温为 5 503 K、6 504 K 和 7 504 K 的 D 照明体。D65 代表相关色温为 6 504K 的平均昼光,是在一年中不分季节、一天中不分时段、对阴天时的北半球北窗昼光进行测量的一个平均结果,其目前还不能由相应的光源来实现。它不仅在可见光范围内更接近日光,而且在紫外区也和日光非常接近,因此,对评价带荧光的样品极为有利。CIE 建议,为了促进色度学的标准化,在可能的情况下尽量应用 D65 代表日光,在不能应用 D65 时则尽量应用 D55 和 D75。

⑤ 标准照明体 E。将可见光区内光谱辐射功率为恒定值的光刺激定义为标准照明体 E,也称为等能光谱或等能白光。

(2) 标准光源

① 标准光源 A。钨丝白炽灯的发射率与同一色温的完全辐射体的发射率的差别较小,在可见光范围内其差别小于 1%,在红外部分其差别约为 2%。因此,CIE 规定以色温为 2 856 K 的钨丝白炽灯作为标准光源 A。如果要求更准确地实现标准照明体 A 的紫外辐射相对光谱分布,则推荐使用熔融石英壳或玻璃壳带石英窗口的灯。

② 标准光源 B。在标准光源 A 的前面加上一组特定的戴维斯·吉伯逊(Davis Gibson)液体滤光器(又称 DG 滤光器),可以实现标准光源 B(相关色温为 4 874 K)的辐射。

③ 标准光源 C。类似于标准光源 B,在标准光源 A 的前面加上另一组特定的戴维斯·吉伯逊液体滤光器,可以实现标准光源 C(相关色温为 6 774 K)的辐射。

④ 日光模拟器。由于工业生产中精细辨色的要求与荧光材料的颜色测量,都需要日光中的紫外成分,而标准光源 B 和 C 都缺少该成分。因此,照明体 D 的模拟成为当前光源研究的重要课题之一。在 D 系列的标准照明体中,CIE 推荐 D65 为首选照明体。由于 D65 的光谱功

率分布特别,目前还没有任何一种人工光源能够发出与 D65 光谱功率分布完全相同的光,只能近似模拟。目前正在研制的模拟 D65 的人工光源包括带滤光器的高压氙弧灯、带滤光器的白炽灯和带滤光器的荧光灯三种,其中带滤光器的高压氙弧灯给出的模拟最好。

⑤ 商业客户光源(F 系列光源)。CIE 规定了 F 系列荧光光源,其中 F3～F6 为普通荧光灯,F7～F9 为高显色性荧光灯,F10～F12 为三基色荧光灯。

TL84 光源(F11)属于 F 系列光源,相关色温为 4 000 K,是 Philips(飞利浦)公司的特有产品,因广泛使用于英国玛莎百货而成为欧洲市场上重要的商业对色光源。

CWF 光源(F02)主要用于美国的商业和办公机构,相关色温为 4 150 K。CWF 是 Cool White Fluoresent 的缩写,即冷白荧光灯。U30/TL83 光源(F12)也是一种三基色荧光灯,相关色温为 3 000 K。U30 光源相当于欧洲使用的 TL83 光源,由飞利浦公司的 TL83 荧光灯实现。

⑥ 其他光源。光源箱中一般还配有 UV 光源,这是一种紫外线灯,通常单独使用或与其他光源组合使用,以检查织物是否增白、是否含荧光染料等。

(六) 色度的计算方法

1. 物体色三刺激值的计算

匹配物体反射色光所需要的红、绿、蓝三原色的数量为物体色三刺激值。世界上任何物体的颜色都可以用它的三刺激值 X、Y、Z 来表示。三刺激值实际上是通过计算得出的样品在特定光源照射下其表层反射的光对人眼视网膜上的视觉感光细胞产生的颜色刺激,这种刺激通过神经冲动传至大脑,最终形成颜色的感觉。

物体色彩感觉形成的三大要素是光源、颜色物体、观察者,物体色三刺激值的计算涉及到光源能量分布 $S(\lambda)$、物体表面反射性能 $\rho(\lambda)$ 和人眼的颜色视觉 $\bar{x}(\lambda)$、$\bar{y}(\lambda)$、$\bar{z}(\lambda)$ 方面的特征参数,按式(2-2-16)计算:

$$
\left.
\begin{aligned}
X &= k \int_{380}^{780} S(\lambda)\,\bar{x}(\lambda)\rho(\lambda)\mathrm{d}\lambda \\
Y &= k \int_{380}^{780} S(\lambda)\,\bar{y}(\lambda)\rho(\lambda)\mathrm{d}\lambda \\
Z &= k \int_{380}^{780} S(\lambda)\,\bar{z}(\lambda)\rho(\lambda)\mathrm{d}\lambda
\end{aligned}
\right\}
\text{或}
\left.
\begin{aligned}
X_{10} &= k_{10} \int_{380}^{780} S(\lambda)\,\bar{x}_{10}(\lambda)\rho(\lambda)\mathrm{d}\lambda \\
Y_{10} &= k_{10} \int_{380}^{780} S(\lambda)\,\bar{y}_{10}(\lambda)\rho(\lambda)\mathrm{d}\lambda \\
Z_{10} &= k_{10} \int_{380}^{780} S(\lambda)\,\bar{z}_{10}(\lambda)\rho(\lambda)\mathrm{d}\lambda
\end{aligned}
\right\}
\quad (2\text{-}2\text{-}16)
$$

式中:$\bar{x}(\lambda)$、$\bar{y}(\lambda)$、$\bar{z}(\lambda)$ 为 2°视场的标准色度观察者光谱三刺激值;$\bar{x}_{10}(\lambda)$、$\bar{y}_{10}(\lambda)$、$\bar{z}_{10}(\lambda)$ 为 10°视场的标准色度观察者光谱三刺激值;$S(\lambda)$ 为光源的相对光谱能量分布,即 CIE 标准照明体的相对光谱功率分布;$\rho(\lambda)$ 为物体的分光反射率;k 为常数,常称为调整因数。

k 可以由下式计算而得:

$$
k = 100 \Big/ \int_{380}^{780} S(\lambda)\,\bar{y}(\lambda)\mathrm{d}\lambda; \quad k_{10} = 100 \Big/ \int_{380}^{780} S(\lambda)\,\bar{y}_{10}(\lambda)\mathrm{d}\lambda
$$

式(2-2-16)表明当光源的 $S(\lambda)$ 或者物体的 $\rho(\lambda)$ 发生变化时,物体的颜色 X、Y、Z 随即发生变化。因此,式(2-2-16)是一种最基本、最精确的颜色测量及描述方法,是现代设计软件进行色彩描述的基础。

对于照明光源而言,光源的三刺激值(X_0、Y_0、Z_0)的计算仅涉及光源的相对光谱能量分布 $S(\lambda)$ 和人眼的颜色视觉特征参数,因此光源的三刺激值可以表示为:

$$
\left.
\begin{aligned}
X_0 &= k \int_{380}^{780} S(\lambda)\,\bar{x}(\lambda)\mathrm{d}\lambda \\
Y_0 &= k \int_{380}^{780} S(\lambda)\,\bar{y}(\lambda)\mathrm{d}\lambda \\
Z_0 &= k \int_{380}^{780} S(\lambda)\,\bar{z}(\lambda)\mathrm{d}\lambda
\end{aligned}
\right\}
\qquad (2\text{-}2\text{-}17)
$$

由于上述积分式中的积分函数是未知的,所以积分运算事实上是不能进行的,而只能用求和的方法来计算。由于采用的近似处理的方法不同,三刺激值有不同的计算方法。

(1) 等间隔波长法   三刺激值 X、Y、Z 的近似计算式为:

$$
\left.
\begin{aligned}
X &= k \sum_{i=1}^{n} S(\lambda)\,\bar{x}(\lambda)\rho(\lambda)\Delta\lambda & X_{10} &= k_{10} \sum_{i=1}^{n} S(\lambda)\,\bar{x}_{10}(\lambda)\rho(\lambda)\Delta\lambda \\
Y &= k \sum_{i=1}^{n} S(\lambda)\,\bar{y}(\lambda)\rho(\lambda)\Delta\lambda & Y_{10} &= k_{10} \sum_{i=1}^{n} S(\lambda)\,\bar{y}_{10}(\lambda)\rho(\lambda)\Delta\lambda \\
Z &= k \sum_{i=1}^{n} S(\lambda)\,\bar{z}(\lambda)\rho(\lambda)\Delta\lambda & Z_{10} &= k_{10} \sum_{i=1}^{n} S(\lambda)\,\bar{z}(\lambda)\rho(\lambda)\Delta\lambda
\end{aligned}
\right\}
\qquad (2\text{-}2\text{-}18)
$$

等间隔波长法就是使 $\Delta\lambda$ 以相等的大小进行分隔,然后代入式(2-2-18),计算 X、Y、Z。$\Delta\lambda$ 的大小根据结果精度要求而定。精度要求高的,可以取分割间隔 $\Delta\lambda = 1$ nm;精度要求低的,可以取分割间隔 $\Delta\lambda = 20$ nm。一般 CIE 规定 1 nm$\leqslant\Delta\lambda\leqslant 20$ nm。分割间隔越小,计算越复杂,但越精确。这种计算一般由计算机完成。计算时,$S(\lambda)\bar{x}(\lambda)$、$S(\lambda)\bar{y}(\lambda)$、$S(\lambda)\bar{z}(\lambda)$ 与 $S(\lambda)\bar{x}_{10}(\lambda)$、$S(\lambda)\bar{y}_{10}(\lambda)$、$S(\lambda)\bar{z}_{10}(\lambda)$ 通常可查附录 V 而得到,只要测得 $\rho(\lambda)$ 的值,根据式(2-2-18) 即可计算出三刺激值。为了精确测量物体颜色,必须采用分光光度测量法以测得物体的分光反射率或透射率。这一工作用分光光度仪完成。

等间隔波长法是近代测色仪器的计算基础。X、Y、Z 的计算示意图见图 2-2-13。

(2) 选择坐标法   选择坐标法就是选定适当的波长,使三刺激值 X、Y、Z 的积分计算式中的 $S(\lambda)\bar{x}(\lambda)\Delta\lambda$、$S(\lambda)\bar{y}(\lambda)\Delta\lambda$、$S(\lambda)\bar{z}(\lambda)\Delta\lambda$ 为常数 A、B、C,则式(2-2-18)变为:

$$
\left.
\begin{aligned}
X &= k \sum_{i=1}^{n} S(\lambda)\,\bar{x}(\lambda)\rho(\lambda)\Delta\lambda = kA \sum_{i=1}^{n} \rho(\lambda) = f_x \sum_{i=1}^{n} \rho(\lambda) \\
Y &= k \sum_{i=1}^{n} S(\lambda)\,\bar{y}(\lambda)\rho(\lambda)\Delta\lambda = kB \sum_{i=1}^{n} \rho(\lambda) = f_y \sum_{i=1}^{n} \rho(\lambda) \\
Z &= k \sum_{i=1}^{n} S(\lambda)\,\bar{z}(\lambda)\rho(\lambda)\Delta\lambda = kC \sum_{i=1}^{n} \rho(\lambda) = f_z \sum_{i=1}^{n} \rho(\lambda)
\end{aligned}
\right\}
\qquad (2\text{-}2\text{-}19)
$$

f_x、f_y、f_z 为常数,对于给定的 30 个波长数据,$f_{x,30} = 3.268$,$f_{y,30} = 3.333$,$f_{z,30} = 3.938$。

因此,只要测定相应波长下的 $\rho(\lambda)$ 值,并将 $380 \sim 780$ nm 范围内选定波长下的 $\rho(\lambda)$ 值求和,再乘以相应的系数,就可以计算出 X、Y、Z 的值。

2. 主波长和色纯度的计算

通过表色系统的建立和表色参数的计算,基本实现了用数字表示颜色的目的。但是,面对这些纷乱复杂的数字,人们却很难与生活中的各种颜色联系起来。例如:$Y = 30.05$,$x = 0.392\,7$,$y = 0.189\,2$;$Y = 3.130$,$x = 0.454\,3$,$y = 0.457\,3$。它们分别表示什么颜色呢?可见,我们仅仅知道颜色的参数,在实际运用中并不是很方便。为了解决这一问题,经过大量的

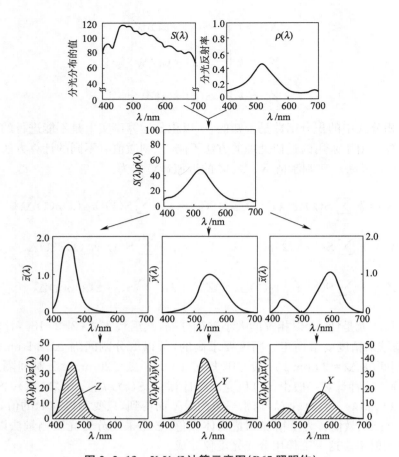

图 2-2-13　X、Y、Z 计算示意图（D65 照明体）

研究并结合色的三个属性,提出了与色的三个属性相联系的主波长和兴奋纯度等概念,用以将颜色具体化,给 XYZ 表色系统的实用化带来很大的方便。

(1) 主波长　用某一光谱色,按照一定比例与一个确定的标准照明体(A、B、C、D、D65)相混合而匹配出样品色,该光谱色的波长就是样品色的主波长。颜色的主波长大致相当于日常生活中观察到的色调,用符号 λ_d 表示。

已知样品的色度坐标(x,y)和标准照明体的色度坐标(x_0,y_0),就可以计算样品的主波长,有作图法和计算法两种(见图 2-2-14)。

① 作图法。在 x-y 图上标出样品和标准照明体的色度点;连接两点作直线;从样品色度点外侧延长直线,与光谱轨迹相交;相交点上光谱色的波长就是样品色的主波长。

但是,并不是所有的颜色都有主波长,色度图中连接白点和光谱轨迹的两个端点所形成的三角形区域内的各色度点都没有主波长。因此,引入补色波长这个概念,补色波长用符号$-\lambda_d$或 λ_c 表示。如图中 N 点无主波长,可以在反方向延长直线,与光谱轨迹相交,该交点就是该颜色的补色波长,表示为-495.7 nm 或 $495.7C$。

② 计算法。即根据色度图中连接白点与样品点的直线的斜率,查 CIE 1931 色度图标准照明体 A、B、C、E 恒定主波长线的斜率表(见附录Ⅵ),可读出该样品的主波长。

连接光源点(x_0,y_0)与样品点(x,y)的直线的斜率,可用式(2-2-20)计算。

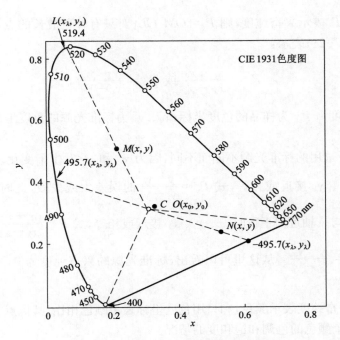

图 2-2-14　CIE 1931 x-y 色度图

$$斜率 = \frac{x - x_0}{y - y_0} \quad 或 \quad 斜率 = \frac{y - y_0}{x - x_0} \tag{2-2-20}$$

在这两个斜率中选绝对值较小的一个，查附表 Ⅵ 得样品的主波长或补色波长。

举例如下：已知颜色 $M(x = 0.223\,1,\ y = 0.503\,2)$，照射光源为标准 C 光源（$x_0 = 0.310\,1$，$y_0 = 0.316\,2$），求标准 C 光源下 M 的主波长。

解　计算得

$$斜率 = \frac{x - x_0}{y - y_0} = \frac{0.223\,1 - 0.310\,1}{0.503\,2 - 0.316\,2} = \frac{-0.087\,0}{0.187\,0} = -0.465\,2$$

$$斜率 = \frac{y - y_0}{x - x_0} = \frac{0.503\,2 - 0.316\,2}{0.223\,1 - 0.310\,1} = \frac{0.187\,0}{-0.087\,0} = -2.149\,4$$

在两个斜率中取绝对值较小的 $\dfrac{x - x_0}{y - y_0} = -0.465\,2$，查附录 Ⅵ 可知此值位于 $-0.455\,7$ 和 $-0.471\,8$ 之间，两者相应的波长为 520 nm 和 519 nm，再由线性内插法求得：

$$520 - (520 - 519) \times \frac{0.465\,2 - 0.455\,7}{0.471\,8 - 0.455\,7} = 519.4 \text{ nm}$$

（2）兴奋纯度　样品的颜色接近同一主波长的光谱色的程度，表明该样品颜色的纯度。在 x-y 色度图的样品主波长线上，用标准光源点到样品色度点的距离与标准光源点到光谱色度点的距离之比表示纯度时，称为兴奋纯度。也就是说，一种颜色的兴奋纯度表示主波长的光谱色被白光冲淡的程度。在图 2-2-14 中，O 代表标准光源（标准 C 光源）的色度点，M 代表颜色样品的色度点，L 代表光谱轨迹上的色度点。兴奋纯度用 CIE x-y 色度图上两个线段的长度比值来表示。第一线段是光源点到样品点的距离 OM，第二线段是白点到主波长的距离

OL。如果以符号 P_e 表示兴奋纯度，则 $P_e = OM/OL$；对只有补色波长的点，$P_e = ON/OP$。兴奋纯度可由式(2-2-21)表示：

$$P_e = \frac{x - x_0}{x_\lambda - x_0} \text{ 或 } P_e = \frac{y - y_0}{y_\lambda - y_0} \tag{2-2-21}$$

式中：P_e 为兴奋纯度；x、y 为样品的色度坐标；x_0、y_0 为标准光源的色度坐标；x_λ、y_λ 为光谱轨迹上色度点的坐标。

兴奋纯度随所选用的标准光源不同而不同，因为 x_0 和 y_0 发生了变化。当主波长与 x 轴近似平行时，y、y_0、y_λ 接近或相等，式 $P_e = \frac{y - y_0}{y_\lambda - y_0}$ 的误差大或失效，此时可以使用式 $P_e = \frac{x - x_0}{x_\lambda - x_0}$；当主波长与 y 轴近似平行时，x、x_0、x_λ 接近或相等，式 $P_e = \frac{x - x_0}{x_\lambda - x_0}$ 的误差大或失效，则可以使用式 $P_e = \frac{y - y_0}{y_\lambda - y_0}$。从这里可以看出，标准光源的兴奋纯度为 0，光谱色的兴奋纯度为 100%。

用主波长和兴奋纯度表示颜色，和只用色度坐标表示颜色相比，其优点在于给人以具体的直观印象，表示一个颜色的色调和饱和度的情况。

颜色的主波长大致对应于日常生活中所观察到的颜色色调，主波长与色调只是大体相当，并不意味着恒定地对应，即恒定的主波长线上的颜色并不对应恒定的色调。同样颜色的兴奋纯度与颜色饱和度也仅仅是相当，并不是相同，即等纯度并不一定对应等饱和度。图 2-2-15 为各种颜色在色度图上所处的位置。

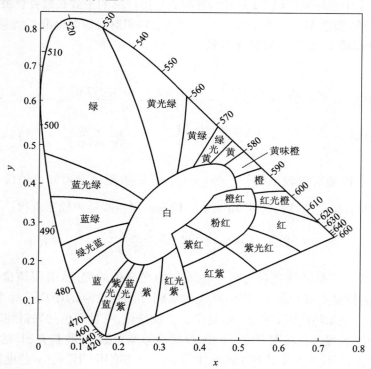

图 2-2-15　各种颜色在色度图上的位置

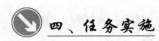

四、任务实施

(一) 光源的选择及设置

在输入色样数据前,要根据客户的要求对光源进行选择。设定使用光源的操作步骤如下:

1. 用鼠标点击图 2-2-16 所示窗口中的"光源/观测者"按钮,即弹出图 2-2-17 所示的窗口。

图 2-2-16　光源观察者工具栏

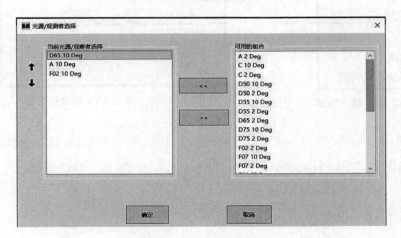

图 2-2-17　增加或删除光源

2. 删除"光源/观测者"下的光源方法如下:

用鼠标点击图 2-2-17 所示窗口中"当前光源/观察者选择"里面的光源,按"＞＞"将其加入"可用的组合",即可删除所选光源;在"可用的组合中"选中所需要的光源,按"＜＜",将其加入"当前光源/观察者选择",即可增加所选光源。最后按"确定"按钮。

(二) 设定测色条件与校正分光光度仪

详见任务 2-1。

(三) 输入 X、Y、Z 三刺激值数据

1. 用鼠标点击图 2-2-16 所示窗口中的"标准样:仪器平均值"右下角的"▼"按钮,弹出图 2-2-18 所示窗口,然后在此窗口中选择"XYZ"选项。

2. 点选图 2-2-18 所示窗口内的"XYZ"后,弹出如图 2-2-19 所示的窗口。

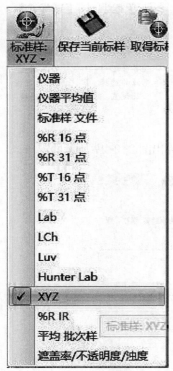

图 2-2-19 XYZ 选项工具栏

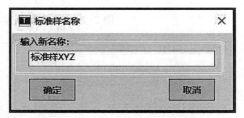

图 2-2-18 选择 XYZ 输入方式

图 2-2-20 输入 XYZ 标准样名称

3. 在图 2-2-19 所示窗口中点击，弹出图 2-2-20 所示的窗口，输入标准样名称，按"确定"按钮，弹出图 2-2-21 所示的窗口，并分别输入 X、Y、Z 值，按"完成"按钮。

图 2-2-21 输入 XYZ 值

【复习指导】

1. CIE 1931-RGB 表色系统是在一批视力正常的观察者对匹配光谱色的实际观察结果的基础上建立起来的，从此实现了颜色的数字化。CIE 1931-XYZ 表色系统是由 CIE 1931-RGB 表色系统经过数学变换而得到的，是颜色测量与计算的基础，其中 X、Y、Z 是三刺激值，x 和 y 为色度坐标，适用于小视场的颜色评价。CIE 1964-XYZ 补充标准色度学系统适用于 $10°$ 大视场的颜色评价，X_{10}、Y_{10}、Z_{10} 为补充系统的三刺激值，x_{10} 和 y_{10} 为色度坐标。

2. 标准色度观察者光谱三刺激值 $\bar{x}(\lambda)$、$\bar{y}(\lambda)$、$\bar{z}(\lambda)$ 是选定的三原色匹配等能光谱色时的三刺激值。

3. 标准光源是选定的用于颜色计算的光源，标准照明体是选定的用于颜色计算的一种光谱能量分布，这种光谱能量分布不一定要有相应的光源来实现。

4. 颜色温度（简称色温）是定义光源颜色的一个物理量。当光源的颜色与完全辐射体被加热至某一温度时所辐射出的光的颜色相同时，该完全辐射体的温度则为该光源的颜色温度。颜色温度只对应一种能量分布，与光源的实际温度并没有直接的关系。而相关色温是定义色度点不在黑体轨迹上的光源的物理量。

5. 颜色的主波长大致相当于日常生活中观察到的色调，用符号 λ_d 表示。样品的颜色接近同一主波长的光谱色的程度，表明该样品颜色的纯度。一种颜色的兴奋纯度表示主波长的光谱色被白光冲淡的程度。

【思考题】

1. 何谓颜色匹配实验？

2. 颜色匹配实验中选择的三原色是不是唯一的？具备什么条件才能作为原色？为什么选择红、绿、蓝作为三原色？

3. X、Y、Z 的含义是什么？

4. 什么是物体颜色的三刺激值和色度坐标？

5. 光源的颜色是如何定义的？

6. 何谓主波长和兴奋纯度？

7. 在 CIE 1931-XYZ 表色系统里，颜色的三个属性是怎样表示的？

任务 2-3　孟塞尔颜色系统表示法

【知识目标】

1. 了解孟塞尔颜色系统的构成
2. 掌握孟塞尔色相、明度和饱和度的含义
3. 掌握孟塞尔标定颜色的方法

【技能目标】

利用孟塞尔色卡快速地对颜色进行确认

一、任务导入

当你需要设计、生产一种产品时,需要用到颜色方面的信息,而你又没有相关方面的知识时,你该怎么做呢? 当遇到标准的花样图案特别细小而无法在测色仪上测量时,你又该怎么办呢? 5R·7/10 的色卡代表什么颜色呢?

二、任务分析

任何一个颜色,通过系统测量和计算,均可求出其 Munsell 明度 V、色调 H 和彩度 C。这样,该颜色就可在 Munsell 颜色空间系统中定位。可将印花色库中的颜色按 Munsell 颜色体系科学地排序,自行制作与印花色库配方相对应的色卡,兼具科学性和生产实用性。有了这种自制的与印花色库配方相对应的色卡,当遇到标准的花样图案特别细小而无法测量时,可以直接从自制色卡中选取相同颜色的色样进行测量,进而从印花色库中检索出或计算出配方使用。

色卡是自然界存在的色彩在某种材质(比如纸、面料、塑胶等)上的体现,用于色彩选择、比对、沟通和色彩供应链管理的工具。国际性商业活动中经常使用的色卡,有孟塞尔色卡(Munsell Color Book)、瑞典自然颜色系统色卡和潘通(Pantone)色卡,其中孟塞尔色卡较具科学性,是使用时间最长并且在工商业方面应用很多的色卡。要想完成该任务,必须学习孟塞尔系统的相关知识和基本技能。

三、相关知识链接

孟塞尔表色系统(Munsell Color System)由美国的美术教师和画家孟塞尔在 1905 年创立的,1915 年确立其表色系统,1927 年出版孟塞尔色卡集,1940 年美国光学会测色委员会进行修正,1943 年发表修正孟塞尔色彩体系,成为国际通用色彩体系。

孟塞尔颜色系统包括色彩图册、色彩立体模型和色彩表示说明书三个部分。

(一)孟塞尔色彩图册

用纸片将孟塞尔系统中的各个颜色制成样品,汇编成册,即《孟塞尔颜色图册》,其每一页包括颜色立体中一种色调的垂直剖面的颜色样品,即同一色调的不同明度和不同彩度的样品。1915 年美国最早出版《孟塞尔颜色图谱》,1929 年和 1943 年分别经美国国家标准局和美国光学会修订出版《孟塞尔颜色图册》。1943 年,美国光学会孟塞尔颜色编排小组委员会对孟塞尔颜色系统作进一步的研究,发现孟塞尔颜色样品在编排上不完全符合视觉上等距的原则。他们通过对孟塞尔图册中的色样所作的光谱光度测量及视觉实验,制定了"孟塞尔新标系统"。修订后的色样编排在视觉上更接近等距,而且对每一色样都可给出相应的 CIE 1931 色度学系统的色度坐标。目前,美国和日本出版的《孟塞尔颜色图册》是新标系统的图册。图册的版本有很多,有光泽的版本共有色卡 1 487 片,包括 1 450 块颜色样品及 37 块中性色样品;无光泽版本共有色卡 1 277 片,附有中性色样品 32 块。颜色样品的尺寸有多种规格,其中最大的尺寸为 18 mm×21 mm。1978 年出版的新日本颜色系统共有 5 000 片色卡,是目前国际上具有颜色卡片最多的颜色图册。

(二) 孟塞尔色彩立体模型

孟塞尔表色系统从其表色的原理上来说,是一种物体表面的知觉色的心理颜色的属性,即每个颜色在色相、明度、彩度组成的圆柱形坐标系中都对应着一个点。系统模型为一球体,见图 2-3-1,赤道上是一条色带。球体轴的明度为中性灰,北极为白色,南极为黑色;从球体轴向水平方向延伸出来,是不同级别的饱和度的变化,从中性灰到完全饱和;沿着球体圆周的方向是色相的变化。用这三个因素来判定颜色,可以全方位地定义千百种色彩。孟塞尔命名这三个因素为:表示颜色明亮程度属性的量,称明度,用 V 表示;表示颜色鲜艳程度的量,称彩度,以 C 表示;表示色相属性的量,称色相,以 H 表示。在以孟塞尔表色系统构成的圆柱坐标系中,Z 轴为孟塞尔明度(V),θ 为孟塞尔色相(H),r 为孟塞尔彩度(C)。

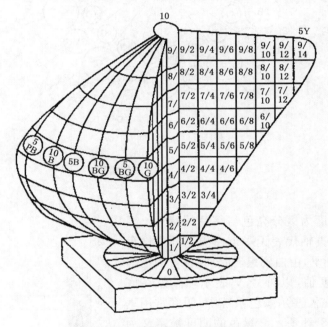

图 2-3-1　孟塞尔颜色空间排列示意图

1. 孟塞尔色调

孟塞尔色彩系统中,色彩立体水平剖面的各个方向代表 10 种孟塞尔色调(H)。这 10 种孟塞尔色调分为 5 个主要色调和 5 个中间色调,组成孟塞尔色彩系统的色相环,如图 2-3-2 所示。5 个主色以红色(R)、黄色(Y)、绿色(G)、蓝色(B)、紫色(P)的顺序沿顺时针方向排列。5 个中间色调为黄红色(YR)、绿黄色(GY)、蓝绿色(BG)、紫蓝色(PB)、红紫色(RP)。为了对孟塞尔色彩系统中的色相进行更细的划分,孟塞尔把每一种色相分成 10 个等级,用数值 1～10 表示,其中 5 为纯正的色彩,小于 5 的色彩偏向于 1 号相邻的色相,大于 5 的色彩偏向于 10 号相邻的色相,数值越大,含有该相邻色彩的量就越多。例如,5R 为纯正的红色,3R 和 1R 为偏紫的红色,6R 为稍偏黄的红色,10R 为偏黄很多的红色。这样,孟塞尔色相环共有 100 种色相。《孟塞尔色彩图册》中,将每一种色相分成 4 个等级制成色彩样品,即 2.5、5、7.5 和 10。

因此,《孟塞尔色彩图册》共有 40 种色相样品。

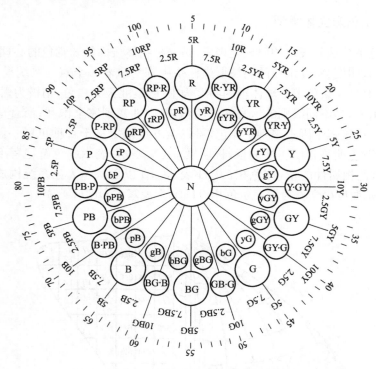

图 2-3-2　孟塞尔色相环

2. 明度

孟塞尔定义明度为区分亮色与暗色的特性。孟塞尔色彩系统的中央轴代表无彩色白黑系列中性色的明度等级,从上到下,由白到黑,划分为各个明度等级,称为孟塞尔明度值,以符号 V 表示。黑色在底部,白色在顶部。在孟塞尔颜色系统中,明度常用垂直轴表示,如图 2-3-3 所示。黑色的明度被定义为 0,而白色被定义为 10,其他系列灰色则介于两者之间。一般,从白到黑共分为 8 个或 11 个阶段,靠近黑色的 1、2、3 为低明度灰,靠近白色的 7、8、9 为高明度灰,中间的 4、5、6 为中性灰。彩色中,物体的明亮度一般为黄色较高,显得最亮;其次是橙、绿;再其次是红、蓝;紫色的明度最低,显得最暗。

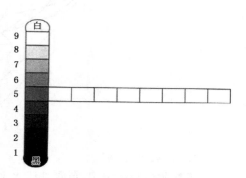

图 2-3-3　黑白明度色阶图

3. 饱和度

饱和度是从灰度中辨别色调纯度的特性。在孟塞尔系统中,色彩样品离开中央轴的水平距离代表饱和度的变化,称为孟塞尔饱和度,表示具有相同明度值的色彩离开中性灰色的程度,用符号 C 表示。它也被分成许多视觉上相等的等级,中央轴上的中性色的饱和度为 0,离开中央轴愈远,饱和度值愈大。该系统通常以每两个饱和度等级为间隔制作一色彩样品。各种色彩的饱和度是不一样的,一般在 0~16 之间,个别最饱和的色彩的饱和度可达到 20。

由孟塞尔色相、明度和饱和度组成了一个视觉上均匀的颜色体系和色空间,孟塞尔颜色立体剖面如图 2-3-4 所示。

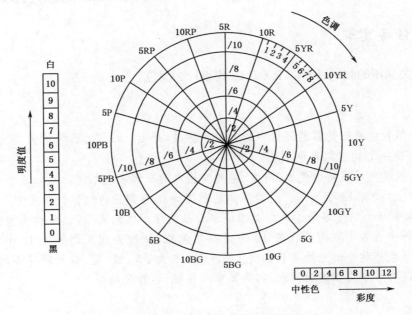

图 2-3-4　孟塞尔颜色立体剖面

(三) 孟塞尔系统表示说明书

孟塞尔表色系统是以色卡的形式出现的,但由于对色相、明度、彩度都按特定的顺序编号,因此,在实际操作中可以对各种颜色用孟塞尔标号,即以一组孟塞尔表色系统参数来表示,其表示方法有两种。

1. 彩色标定方法

对于彩色,标定方法是先写色调 H,然后写明度值 V,在斜线后写饱和度 C:

$$H \cdot V/C = 色调 \cdot 明度 / 饱和度$$

例如一个 10G·6/8 标号的色彩,它的色调是绿和蓝绿的中间色,明度为 6,饱和度为 8,同时,从这个标号可知,该色彩是中等亮度、饱和度较高的色彩。再如 5R·4/14,5R 为红色,明度中等,饱和度很高,所以是中等亮度的非常鲜艳的红色。

2. 中性色标定方法

对于中性色彩,由于其饱和度为 0,色彩标号可写成如下形式:

$$N \cdot V/ = 中性色 \cdot 明度 /$$

N 表示中性的意思。例如,明度值等于 8 的中性明灰色可写作 N·8/。对于饱和度低于 0.3 的黑、灰、白色,通常标定为中性色。如果需要对饱和度低于 0.3 的中性色作精确的标定,一般采用以下形式:

$$N \cdot V/(H, C) = 中性色 \cdot 明度 /(色调，饱和度)$$

在这种情况下，色调量只用 5 种主要色调和 5 种中间色调中的一种。例如对一个略带黄色的浅灰色，可写成 N·8/(Y，0.2)。用 H·V/C 的形式标定低饱和度的色彩也是允许的。

 四、任务实施

根据相关知识的叙述，回答 5R·7/10 代表什么颜色。

【复习指导】

1. 孟塞尔表色系统是颜色评价中的知觉色标准，是由一批视力正常的人凭视觉建立起来的表色系统，是一个均匀的表色系统。

2. 孟塞尔表色系统是由色相、明度、饱和度构成的三维表色系统。纵轴表示明度轴，黑色在下，白色在上，共有 11 个间隔。绝对黑体的明度为 0，理想白色物体的明度为 10。孟塞尔色卡从 1～9，共有 9 个明度等级。色相以围绕中心轴的环形结构表示，通常称为孟塞尔色相环。孟塞尔色相环中的各个方向共代表 10 种孟塞尔色相，每种色相又划分为 10 个等级，即 1～10。每种主要色相和中间色的等级都定为 5。色相以红、黄、绿、蓝、紫的顺序沿顺时针方向排列。彩度是以离开中心轴的距离表示，距离中心轴越远，彩度越高。

【思考题】

1. 孟塞尔颜色系统由哪三部分构成？

2. 孟塞尔色立体是如何对颜色进行描述的？说明孟塞尔标号 5R·4/6 和 N·3/、7G·5/8 的意义。

项目 3　纺织品测色

┌─ 项目综述 ─────────────────────────┐

　　利用计算机进行测色,可以消除人的主观因素及外界其他因素的影响,以数据来表示和传递颜色,使测量结果更为客观。采用国际通用的标准颜色质量控制方法建立产品质量信誉,可以和国际市场接轨。在染整加工过程中,织物测色的项目包括色差的测量、同色异谱指数的测量、白度的测定等。该项目主要由三个任务组成。

└──────────────────────────────┘

任务 3-1　织物色差的计算与测量

【知识目标】

1. 了解颜色空间的均匀性
2. 掌握 CIE LAB 和 CMC 色差公式的计算
3. 掌握容差界限值的含义
4. 掌握 L、a、b、C、H 的物理含义
5. 掌握 DL^*、Da^*、Db^*、DC^*、DH^* 正负的色光偏向
6. 了解色差计算的单位与实际意义

【技能目标】

1. 能对标准样和批次样进行色差测定
2. 能根据色差公式计算结果对两个颜色的差别进行分析
3. 能根据色差公式计算结果和颜色方位图对色光进行调整

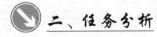

一、任务导入

　　印染厂接到一个订单,客户要求染成他所需要的颜色,交货时客户说颜色和标准样有差别,并且不能接受;印染厂说差别不大。到底是谁说得对呢? 这个问题该怎么处理?

二、任务分析

　　在前述任务 2-1 和任务 2-2 中,已经知道一个物体的颜色可以用分光反射率和三刺激值

进行描述。当印染企业和客户对同一颜色样品存在不同的观点时,可以用测色软件测量两块织物的色差。如果测出的色差值是不可以接受的,说明责任在于印染厂,他们应该负责任;如果色差值是可以接受的,客户一方就应该无条件接受。那么如何来衡量色差的大小呢? 这就需要学习色差的相关知识和基本操作技能。

 三、相关知识链接

一般来说,色差是指两个色样在颜色知觉上的差异,包括明度差、彩度差和色相差三个方面。色差这个概念在印染加工过程中得到广泛的应用,如接单过程中存在确认样与标准样之间的色差,生产过程中存在生产样与标准样之间的色差、生产各批次样间的色差和不同批次内的头尾色差、左中右色差、正反面色差等。当然,纺织品对色差的要求应根据其用途、织物等有所不同。对色差的评估一直是颜色科学领域内和实际生活中的一个重要问题。

(一) CIE XYZ 颜色空间的局限性

任务 2-2 中介绍的 CIE XYZ 基础色度学系统解决了用数字来描述颜色的问题。某种颜色的三刺激值 X、Y 和 Z 说明该颜色的外貌可用 X 份的(X)、Y 份的(Y)、Z 份的(Z)匹配而成。颜色的三刺激值不同,颜色的外貌就不相同。在 CIE 色度图中,每一种颜色有一个相对应的点,因此,能否以色空间中两点之间的距离来表示它们之间的差别呢? 通过人们的研究发现,每一种颜色对于人的视觉来说实际上是一个范围,在这一微小范围内的所有颜色,人的眼睛并不能分辨出颜色的变化;而这一微小范围在颜色空间的不同位置,该范围的大小也不相同,这个结论可从莱特和麦克亚当的研究结果中清楚地得出,见图 3-1-1(莱特线段)和图 3-1-2(麦克亚当椭圆)所示。

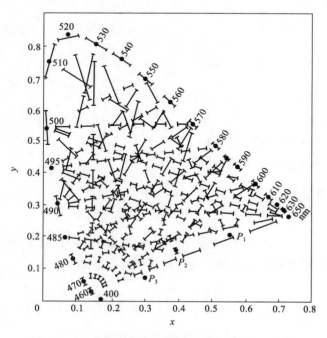

图 3-1-1 人眼对颜色的恰可分辨范围(莱特线段)

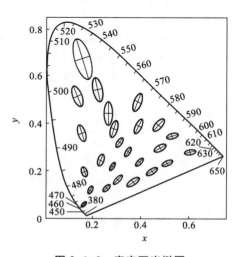

图 3-1-2 麦克亚当椭圆

实验结果表明在 x - y 色度图中各种颜色区域的色差宽容度不一样,蓝色区最小,绿色区最大。如果用 x - y 色度图中两种颜色的色度点之间的距离作为色彩感觉差别量的度量,就会给人们造成错误的印象。CIE 1931 x - y 色度图不是最理想的色度图。因此,人们致力于均匀颜色空间和相应色差公式的建立,使色差的计算变得简单明了,使得该空间中的距离大小与视觉上的色彩感觉差别成正比。

(二) 均匀颜色空间与色差计算

理想的色差公式应建立在一个非常均匀的色空间上,其计算结果与目测有良好的一致性,而且可真正使用近似统一的色差宽容度进行质量控制。均匀颜色空间建立的途径不同,得到的色差计算公式也就不同,计算结果与视觉之间的相关性当然也不相同。但是,通过建立均匀颜色空间来完全解决人机之间色差评价相关性的问题是不可能的,人机之间始终存在差异,因此只能对色差公式进行调整和修正。但是,修正时依据的资料不同,修正的方法不同,得到的计算公式也不相同。因此,人们先后发表了几十个色差公式,下面主要介绍纺织品测色工作中常用的几个色差公式。

1. CIE LAB($L^*a^*b^*$)色差公式

CIE LAB 色差公式以孟塞尔颜色系统为基础,与其对应的均匀色彩空间如图 3-1-3 所示,是一个三维空间体系。$L^*a^*b^*$ 颜色空间是基于一种颜色不能既是绿又是红也不能既是蓝又是黄这个理论建立的。所以,单个的值可用于描述红/绿色以及黄/蓝色特征。

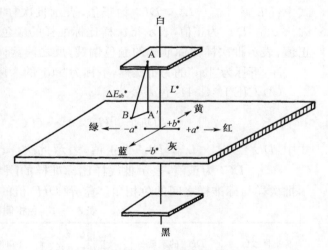

图 3-1-3 中的色彩坐标有 L^* 轴、a^* 轴和 b^* 轴。L^* 轴为明度轴,表示颜色的明度,其值为 0(黑色)～100(白色),越接近 0 表示颜色越暗,越接近 100 表示颜色越亮。

图 3-1-3　均匀色彩空间

a^* 轴表示红/绿轴,表示颜色的红绿色调,其值为正值表示颜色偏红或不够绿,为负值则表示颜色偏绿或不够红。

b^* 轴表示黄/蓝轴,表示颜色的黄蓝色调,其为正值表示颜色偏黄或不够蓝,为负值则表示颜色偏蓝或不够黄。

a^* 轴和 b^* 轴组成的平面代表彩度 C^*,表示颜色的鲜艳程度,用色样在 $L^*a^*b^*$ 均匀色彩空间中的位置与中心点的距离表示,其值与 a^* 和 b^* 之间的关系为 $C^* = [(a^*)^2 + (b^*)^2]^{\frac{1}{2}}$。低彩度颜色即灰色的 C^* 值略大于 0,高彩度颜色的 C^* 值为 70～90。

H^* 为色相角,指颜色的相貌。色相角是指在 $L^*a^*b^*$ 均匀色彩空间中,以 a^* 轴为基点,沿逆时针方向旋转的角度,其值与 a^* 和 b^* 之间的关系为:$H^* = \tan^{-1}(b^*/a^*)$。

在 CIE 1976 $L^*a^*b^*$ 色空间中,当 X、Y、Z 和 X_0、Y_0、Z_0 满足条件 $X/X_0 > 0.008\,856$、$Y/Y_0 > 0.008\,856$、$Z/Z_0 > 0.008\,856$ 时,其坐标参数为:

$$L^* = 116(Y/Y_0)^{\frac{1}{3}} - 16$$
$$a^* = 500[(X/X_0)^{\frac{1}{3}} - (Y/Y_0)^{\frac{1}{3}}] \quad\quad\quad (3\text{-}1\text{-}1)$$
$$b^* = 200[(Y/Y_0)^{\frac{1}{3}} - (Z/Z_0)^{\frac{1}{3}}]$$

式中：X、Y、Z 为色样的三刺激值；X_0、Y_0、Z_0 为理想白色物体的三刺激值。

当 X、Y、Z 和 X_0、Y_0、Z_0 满足条件 $X/X_0 < 0.008\,856$、$Y/Y_0 < 0.008\,856$ 和 $Z/Z_0 < 0.008\,856$时，使用上述公式会导致色空间的畸变，误差很大。为了解决这一问题，Pauli 提出了一个解决办法并被 CIE 采纳，其坐标参数修正为：

$$L^* = 903.3(Y/Y_0)$$
$$a^* = 3\,893.5(X/X_0) - (Y/Y_0) \quad\quad\quad (3\text{-}1\text{-}2)$$
$$b^* = 1\,557.4(Y/Y_0) - (Z/Z_0)$$

(1) CIE LAB 色差公式

$$DE = [(DL^*)^2 + (Da^*)^2 + (Db^*)^2]^{\frac{1}{2}} \quad\quad\quad (3\text{-}1\text{-}3)$$

式中：$DL^* = L^*_{bat} - L^*_{std}$，$DL^*$ 为正值，表示批次样比标准样的颜色偏淡，反之偏浓；$Da^* = a^*_{bat} - a^*_{std}$，$Da^*$ 为正值，表示批次样比标准样的颜色偏红，反之偏绿；$Db^* = b^*_{std} - b^*_{std}$，$Db^*$ 为正值，表示批次样比标准样的颜色偏黄，反之偏蓝；DE 表示两个色样在颜色空间中的距离。

注：下标为"bat"的为批次样，下标为"std"的为标准样；下文同。

(2) CIE $L^* C^* H^*$ 色差公式

$$DE = [(DL^*)^2 + (DC^*)^2 + (DH^*)^2]^{\frac{1}{2}} \quad\quad\quad (3\text{-}1\text{-}4)$$

式中：$DL^* = L^*_{bat} - L^*_{std}$，$DL^*$ 为正值，表示批次样比标准样的颜色偏淡，反之偏浓；$DC^* = C^*_{bat} - C^*_{std}$，$DC^*$ 为正值，表示批次样比标准样的颜色鲜艳，反之萎暗；$DH^* = H^*_{bat} - H^*_{std}$，表示批次样与标准样之间的色相角度差异（$DH^*$ 值的正负代表的色相偏移规律见表 3-1-1）。

表 3-1-1　色相偏移规律

标准样颜色	DH^* 的正负	色相偏移（试样比标准样）	标准样颜色	DH^* 的正负	色相偏移（试样比标准样）
红	+	偏黄	绿	+	偏蓝
红	−	偏蓝	绿	−	偏黄
黄	+	偏绿	蓝	+	偏红
黄	−	偏红	蓝	−	偏绿

CIE LAB 色差公式在工业界有着广泛的应用，在染料制造、涂料、纺织印染、油墨、塑料着色等行业的产品颜色质量控制中有着特别重要的地位。该色差公式的最大方便和实用之处在于可将一对样品的总色差分解成明度差、饱和度差和色相差。这一点在实际应用中很重要，例如染料制造行业同样数值的总色差，如果由色调差或饱和度差所引起，产品就不合格；若主要由明度差所造成，则产品稍许调整就可出厂。

但是，CIE LAB 色差公式有其不足之处。在使用过程中积累了大量的与目测对比的试验数据,表明其对应的色空间的均匀性仍不理想。CIE LAB 色空间只是一个近似均匀的色空间,处于不同色区的两对样品,若测出的色差值相等,并不意味着人的视觉也具有相同等级的色差感觉。例如在鲜艳黄色和鲜艳红色区域,一个 CIE LAB 色差单位不容易看出,但在灰色和棕色区域可看得出,并且不能接受。因此,使用 CIE LAB 色差公式进行颜色质量控制时,对于不同色区的产品,应设置不同大小的色差界限值。

2. CMC($l:c$)色差公式

CMC($l:c$)色差公式是在 CIE LAB 色差公式的基础上引入调整参数 l 和 c,分别给予 DL^*、DC^*、DH^* 不同的修正系数而得到的,其色差均匀度大为改进。

$$DE_{CMC} = \left[\left(\frac{DL^*}{lS_L} \right)^2 + \left(\frac{DC^*}{cS_C} \right)^2 + \left(\frac{DH^*}{S_H} \right)^2 \right]^{\frac{1}{2}} \tag{3-1-5}$$

式中:DL^*、DC^*、DH^* 分别为由 CIE LAB 色差公式计算得出的亮度差、饱和度差、色相差;S_L、S_C、S_H 分别为修正系数;l 和 c 分别为调节明度和彩度的相对宽容度系数。

其中:
$$S_L = \frac{0.040\,975 L_{std}^*}{1 + 0.017\,65 L_{std}^*} (L_{std}^* < 16 \text{ 时}, S_L = 0.511)$$

$$S_C = \frac{0.063\,8 C_{std}^*}{1 + 0.013\,1 C_{std}^*} + 0.638$$

$$S_H = S_C (tf + 1 - f)$$

$$f = \left(\frac{C_{std}^{*4}}{C_{std}^{*4} + 1\,900} \right)^{\frac{1}{2}}$$

当 $164° \leqslant H_{std}^* < 345°$ 时,$t = 0.56 + |0.2\cos(H_{std}^* + 168)|$;
当 $345° \leqslant H_{std}^* < 164°$ 时,$t = 0.36 + |0.4\cos(H_{std}^* + 35)|$。

行业不同,可以通过调节 l 和 c 的值来调整明度和彩度对总色差的影响程度。对于纺织品,$l=2$,$c=1$,即 CMC(2:1);对于一般评价或涂料、塑料行业,$l=1$,$c=1$,即 CMC(1:1)。

CMC($l:c$)色差公式比其他公式具有更好的目视一致性,目前已得到广泛应用。1989 年美国 AATCC(美国染色化学家协会)采用,形成 AATCC 试验方法 173—1989,后修订为 173—1992,并于 1995 年成为小色差计算国际标准(ISO 105 J03 Calculation of Small Colour Difference)。

3. ANLAB 色差公式

ANLAB 色差公式的应用较早,与视觉之间的相关性也较好。但是,用它进行计算色差时需要进行复杂的转换关系式,计算比较麻烦,现已不常用。ANLAB 色差公式的表达式为:

$$\Delta E = 40 \{ [\Delta(V_x - V_y)]^2 + (0.23\Delta V_y) + [0.4\Delta(V_y - V_z)]^2 \}^{\frac{1}{2}} \tag{3-1-6}$$

$$\Delta E = (\Delta L^2 + \Delta a^2 + \Delta b^2)^{1/2} \tag{3-1-7}$$

$$\Delta L = L_{试} - L_{标}; \quad \Delta a = a_{试} - a_{标}; \quad \Delta b = b_{试} - b_{标}$$

$$L = 9.2 V_y; \quad a = 40(V_x - V_y); \quad b = 16(V_y - V_z)$$

式中:V_x、V_y、V_z 为孟塞尔明度,由三刺激值计算而来。

4. JPC 79 色差公式

JPC 79 色差公式是以 R. McDonald 使用 55 种颜色的 640 对染色样品进行的色差宽容度试验结果为基础，并对 ANLAB 色差公式进行修正建立起来的。其特点是根据明度、饱和度和色相各自对纺织品色差的贡献而赋予不同的修正系数，使其与人的视觉之间具有更好的相关性。

$$\Delta E = \left[\left(\frac{\Delta L}{L_t} \right) + \left(\frac{\Delta C}{C_t} \right) + \left(\frac{\Delta H}{H_t} \right) \right]^{\frac{1}{2}} \qquad (3-1-8)$$

式中：ΔL、ΔC、ΔH 分别为由 ANLAB 色差式计算得到的明度差、饱和度差和色相差。

$$L_t = 0.081\,95 L_{std}/(1 + 0.017\,65 L_{std})$$

$$C_t = \left[0.063\,8 C_{std}/(1 + 0.013\,1 C_{std}) \right] + 0.638$$

$$H_t = t_n C_t; \quad t_n = tf + 1 - f$$

$$f = \left[C_{std}^4/(C_{std}^4 + 1\,900) \right]^{\frac{1}{2}}$$

当 $C_{std} < 0.638$ 时，$t_n = 1$；

当 $C_{std} \geqslant 0.638$，$\theta_{std} = 164° \sim 345°$时，$t_n = 0.36 + |0.4\cos(\theta_{std} + 35)|$；

当 $C_{std} \geqslant 0.638$，$\theta_{std} < 164°$或 $\theta_{std} > 345°$时，$t_n = 0.56 + |0.2\cos(\theta_{std} + 168)|$。

5. ISO 色差公式

ISO 色差公式是 ISO 和我国的国家标准中选定的，用于仪器评价纺织品染色牢度的色差计算公式；也是在 CIE LAB 色差公式的基础上，对色相差、明度差、饱和度差进行加权处理而建立起来的。由于该色差公式主要用于牢度的评价，因此在染色牢度测定的任务中详细叙述。

（三）色差界限值

所谓色差界限值，是指色样颜色相对于标准样品所能容许的偏离程度，也称为颜色宽容度或容差界限值，是指预先由客户确定的一个双方认可的产品合格的 DE 值。色差界限值通常与观察者对颜色差异的分辨能力及被观测物体所处的照明环境有关，同时要考虑有色材料的设计、制造和实际用途等因素。因此，色差界限值可能会受到经济、技术、心理和实际需要等因素的影响。国际市场上，有色纺织品的 CMC（2∶1）色差界限值 DE 通常为 0.6～1.0，色差界限值越大，产品被判断为合格的范围越大，反之越小。不同的客户，不同的产品，不同的用途，对色差质量的要求是不同的，例如控制左中右色差，界限值必须严格，DE 值要小；而对于绒类织物，测量时带入无法消除的误差，DE 值要大一些。

图 3-1-4 所示为根据色差界限值对产品色差合格与否所做的判断结果。

图 3-1-4 中，DE_{CMC} 色差界限值设为 1.00，即标准样和批次样的色差小于 1.0 为合格，并利用颜色方位图直观地显示出评定结果，见图 3-1-5。颜色方位图是以标准样为中心，显示批次样与标准样在色度坐标中的相对位置，椭圆图形以标准样为中心，批次样与标准样的色差等于界限值的色点所组成的椭圆，位于椭圆内的样品色点，如果明度差也在白线内，判定为合格，否则为不合格。

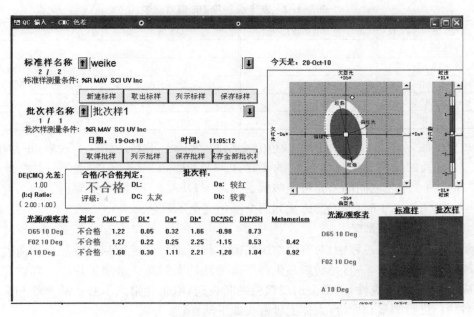

图 3-1-4　CMC 色差结果

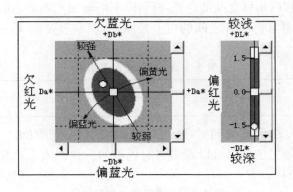

图 3-1-5　颜色方位图

（四）色差计算的实际意义

准确地对颜色进行测量是很困难的工作。随着颜色测量技术的逐步完善，人们已基本能够对各种颜色进行精确的测量，其中包括物体颜色的分光反射率曲线、颜色的三刺激值及色样之间的色差等。有了这些结果，我们就可以用它们来解决很多领域中与颜色相关的问题。这里主要讨论颜色的测量和计算在纺织行业中的应用。

1. 色差值的表述

一般，按照国家标准 GB 250—2008 使用灰色样卡评定纺织品的色差时，将色差级别分为 5 级 9 档，其中 5 级最好，1 级最差。5 级 9 档分别为 1 级、1-2 级、2 级、2-3 级、3 级、3-4 级、4 级、4-5 级、5 级，与 DE 值的对应关系见表 3-1-2。

表 3-1-2　灰卡级别与 *DE* 值对应表

DE 值	灰卡级别	DE 值	灰卡级别
>11.85	1	2.16~3.05	3－4
8.41~11.85	1－2	1.27~2.15	4
5.96~8.40	2	0.20~1.26	4－5
4.21~5.95	2－3	<0.19	5
3.06~4.20	3	—	—

通过仪器测定,$DE=0$ 表示两个颜色完全相同,实际上很难达到这一效果;正常情况下,$DE<0.2$ 时,人的眼睛无法区分颜色的变化;$0.3<DE<0.6$ 表示两者有一点差异;$0.7<DE<1.2$ 时,两个颜色之间的差异可能被接受;$1.2<DE<2.1$ 时,感觉颜色之间的差异非常明显;一般当 $DE>2.1$ 时,人们会感觉到两个颜色完全不对色。

2. 染整加工质量管理

在纺织品染整加工过程中,对有色纺织品需进行严格的颜色控制和管理。如何使纺织品的颜色满足客户的要求,一直是纺织品生产厂家关注的大问题。这项工作以往都依靠人的视觉来完成,由于人的主观性,常常会出现颜色判断失误,给企业带来不必要的麻烦和失误。使用仪器对颜色进行测量和评价,大体上可解决如下问题:

(1)测得总色差,从而对生产出来的批次样是否符合客户的要求做出比较准确的判定(表3-1-3)。如对标准样和确认样之间的色差进行控制,一般要求两者之间的色差值小于 0.6,客户才认可;而对于批次样和标准样之间的色差控制,范围一般要略大一些,如色差值小于 1.0 时就给予认可。

表 3-1-3　总色差测量结果

照明体/视场	D65/10°	F 02/10°	A/10°
色差	1.22	1.27	1.60

(2)测色仪在给出总色差的同时,还可以给出分量色差值 DL^*、Da^*、Db^*、DC^* 和 DH^*(表3-1-4)。从分量色差值可以看出引起色差的主要因素是色相、彩度还是明度,为批次样颜色的修正指明方向。

表 3-1-4　各分色差测量结果

照明体/视场	DE	DL*	Da*	Db*	DC*	DH*	条件等色指数
D65 /10°	1.22	0.05	0.32	1.86	−0.98	0.73	
F 02/10°	1.27	0.22	0.25	2.25	−1.15	0.53	0.42
A/10°	1.60	0.30	1.11	2.21	−1.20	1.04	0.92

(3)可以给出不同照明条件下的条件等色指数,避免视觉判定时由于判定条件不稳定而产生的误差。

(4)可以准确地判断批次样和标准样产生色相差异的方向,即批次样比标准样偏红、偏蓝、偏黄或偏绿等。

3. 染整加工过程中的产品质量控制

经过染整加工的产品,染色牢度是衡量产品质量的重要指标,是生产商和客户都非常重视的质量指标。牢度级别的判定,过去主要靠人的视觉来完成,其中必然存在很多不确定的因素,从而引起客户与生产商之间无端的争议。用测色仪器评价变褪色和沾色牢度非常简单和快捷,已经得到广泛的应用。对染色牢度评价的内容将在后面的任务中详细叙述。

 四、任务实施

(一) 设定测色条件与校正分光光度仪

任务 3-1-1
织物色差的
测量

任务 3-1-2
允差值的选
择和编辑

详见任务 2-1。

(二) 光源的选择及设置

详见任务 2-2。

(三) 设定色差公式和允差值

1. 点击图 3-1-6 所示窗口中的"系统"按钮,再点击"编辑允差"按钮,弹出图 3-1-7 所示的窗口。在图 3-1-7 所示窗口中,点击允差模板右下角的"∨",选择"CMC 2∶1"色差公式。

图 3-1-6 选择允差范围

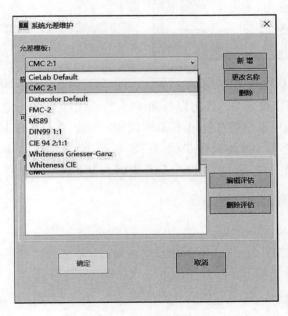

图 3-1-7 系统允差维护

2. 点击图 3-1-7 所示窗口中的"编辑评估"按钮,弹出图 3-1-8 所示的窗口。在图 3-1-8 所示窗口中,根据客户要求设定适当的允差值,如 CMC(2∶1)色差值 DE 为 1.00,按"确定"按钮。最后在图 3-1-7 所示窗口中按"确定"按钮。

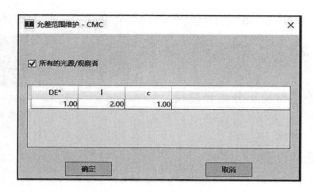

图 3-1-8　CMC 允差值设置

3. 关于色差公式 CIE LAB 的允差值的设定,其操作步骤类似于 CMC(2∶1)色差公式。

4. 在图 3-1-7 所示窗口中,点击允差模板右下角的"▼",选择"CieLab Default"色差公式,点击"编辑评估"按钮,弹出图 3-1-9 所示的窗口。

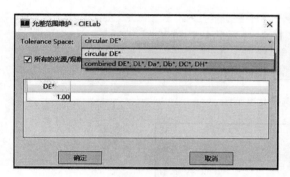

图 3-1-9　允差范围维护——CIELab

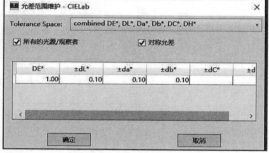

图 3-1-10　系统分项允差值

5. 允差范围除了可以设定 DE,还可以分别设定 L、a、b、C、H 的上限值和下限值,也就是说,除了设定总色差值外,还可以分别对色相(偏红或偏绿)、明度、彩度提出具体要求,如某些色样只允许偏淡、偏红等特殊要求。具体操作步骤:在图 3-1-10 所示窗口中,选择"combined DE*,DL*,Da*,Db*,DC,DH*",并在 DL*、Da*、Db* 中填入上下误差允许值,按"确定"按钮。

(四) 标准色样的输入与存储

1. 标准色样的输入

(1) 请使用鼠标点击图 3-1-11 所示窗口中的"标准样:仪器"右下角的"▼"按钮,在此窗口内选择"标准样:仪器平均"选项,弹出图 3-1-12 所示的界面。

图 3-1-11　主菜单工具栏

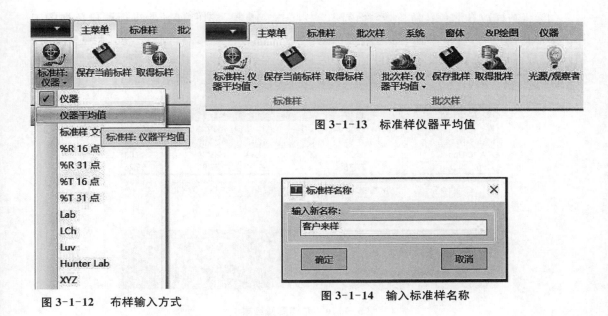

图 3-1-12　布样输入方式

图 3-1-13　标准样仪器平均值

图 3-1-14　输入标准样名称

（2）点击图 3-1-12 所示窗口中的"仪器平均值"，弹出图 3-1-13 所示的窗口。在图 3-1-13 所示窗口中，点击 按钮，弹出图 3-1-14 所示的窗口。

（3）在图 3-1-14 所示窗口中"输入新名称"下面的方框内输入标准样名称，然后点击"确定"按钮，弹出图 3-1-15 所示的窗口。

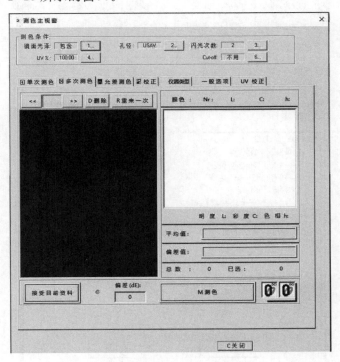

图 3-1-15　测色主视窗

（4）将布样放在测色孔位置处，在该窗口中点击"M测色"按钮，即开始进行测量色样的工作。如需再测色时，请移动色样位置，再次按"M测色"按钮；如无需再测色，按"接受目前资料"按钮，即完成测色工作。一般安装软件和仪器时将测量次数设定为4次，如果测量次数为第4次时，"M测色"按钮会转换成"A接受"，点击该按钮，即出现图3-1-16所示的窗口。

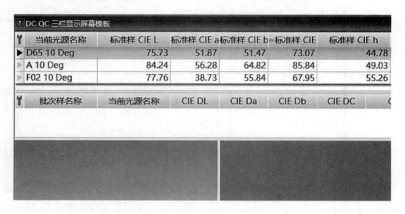

图 3-1-16　布样测量结果

2. 存储和删除标准样

（1）用鼠标点击图3-1-17所示窗口中的"保存当前标样"按钮，弹出图3-1-18所示的窗口。

图 3-1-17　标准样工具栏

图 3-1-18　文件夹目录

（2）在图 3-1-18 所示窗口中，选择要保存的文件，然后按"确定"按钮，即可把标准样储存在仪器中。

（3）将鼠标的光标置于图 3-1-19 所示窗口中标准样的位置，按鼠标右键，在弹出的对话框中，选择"删除当前标准样"按钮，可以把该标准样删除。

（五）批次样输入与存储

1. 批次样的输入

参见标准样的输入操作，步骤（1）～（4）相同，不同的地方在于将点击标准样的位置换成批次样即可。经测色处理后，会出现图 3-1-20 所示窗口。

2. 批次样的存储和删除

操作步骤同标准样的存储和删除，不同的是将窗口中的点击标准样或输入标准样的地方换成点击或输入"批次样"即可。在图 3-1-21 所示窗口中，在"桌面浏览器"下面"批次样"的地方，按鼠标右键，可以弹出"保存批样"和"删除当前批次样"的选项，选择保存批样或删除批样即可。

图 3-1-19　保存或删除标准样

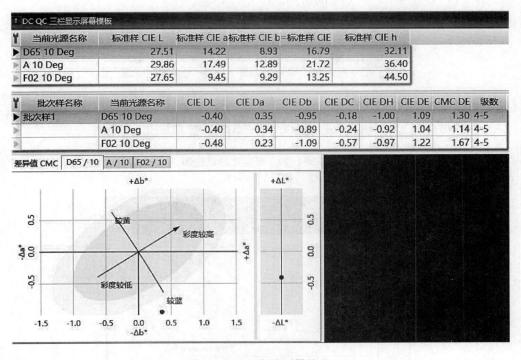

图 3-1-20　色差测量结果

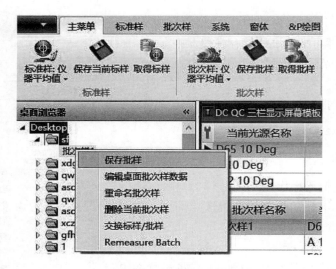

图 3-1-21　保存或删除批次样

(六) 色差计算与分析

1. 反射率曲线

在图 3-1-22 所示窗口中，点击工具栏上的"绘图"，再点击"曲线绘图"，在"曲线绘图"中选择"％R/％T"，弹出图 3-1-23 所示的窗口。

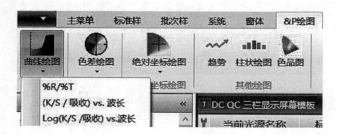

图 3-1-22　反射率曲线选择

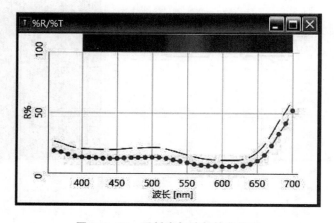

图 3-1-23　反射率与波长的曲线图

2. K/S 值曲线

在图 3-1-22 所示窗口中,选择工具栏上的"绘图",再点击"曲线绘图",在"曲线绘图"中选择"(K/S/吸收)vs. 波长",弹出图 3-1-24 所示的窗口。

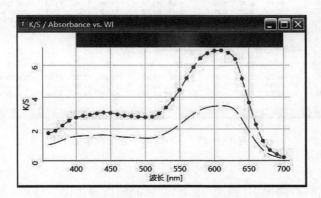

图 3-1-24 织物的 K/S 值与波长的曲线图

3. 色度学参数

点击图 3-1-25 所示菜单中"窗体"项下的"屏幕窗体",弹出图 3-1-26 所示窗口,选择"COLOR-色度学参数",弹出图 3-1-27 所示窗口。

图 3-1-25 选择屏幕窗体

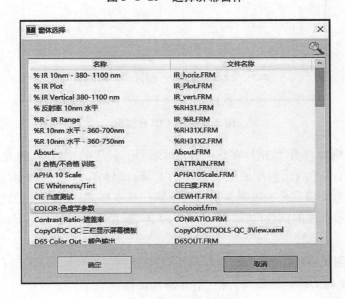

图 3-1-26 窗体选择

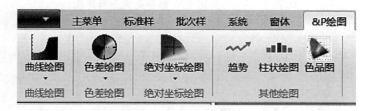

图 3-1-27　COLOR—色度学参数

4. 色度图

点击图 3-1-28 所示菜单中"绘图"项下的"色品图",弹出图 3-1-29 所示窗口。

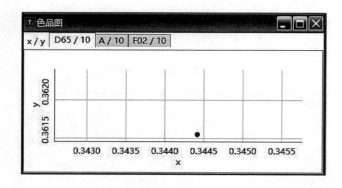

图 3-1-28　选择色度图

图 3-1-29　CIE 色度点

以上基本颜色资料表明,该试样在红色波长区域具有较大的反射率,最大反射率波长 λ_{max} 为 700 nm,批次样和标准样的反射率曲线有微小的差异;试样在 600 nm 处具有最大吸收和最大 K/S 值,批次样的 K/S 值在最大吸收波长邻近区域比标准样高;试样颜色处于颜色空间的第四象限,偏红偏蓝,为带红光的蓝色色样,而从 L、a、b、C、H 值来看,批次样偏红和偏黄、略淡。

5. 色差值

图 3-1-30 为测色系统给出的批次样和标准样的色差判定,包括 DL^*、Da^*、Db^*、DC^* 和 DH^* 的值及 DE_{CMC} 和 DE_{LAB} 的值与合格/不合格判定等。

上述参数是测色系统根据相关公式计算得出的色差结果。在标准光源 D65 的条件下,

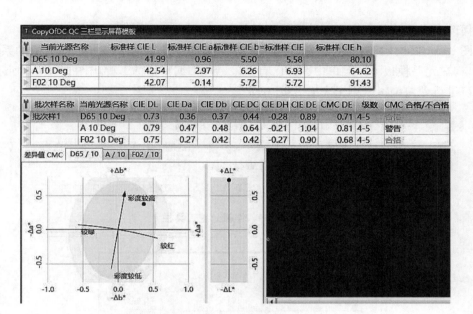

图 3-1-30　差及分色差值

CMC DE 色差值为 0.71,CMC(2∶1)色差公式作为第一色差公式且其色差允差范围为 1.00,实际色差值 0.71 小于 1.00,系统判断为合格。在 A 光源下,CMC DE 色差值为 0.81,将色差值处于设定允差范围内的 75%～85% 的色差判断为警告,因此系统给出的合格/不合格判定为警告。

6. 编辑允差

若将 CMC(2∶1)色差公式的色差允差值改为 0.6,在 D65 光源下,两个色样的色差值 0.71 大于新的允差值 0.6,关于这两个色样的合格/不合格判定结果将变为不合格,如图 3-1-31 所示。

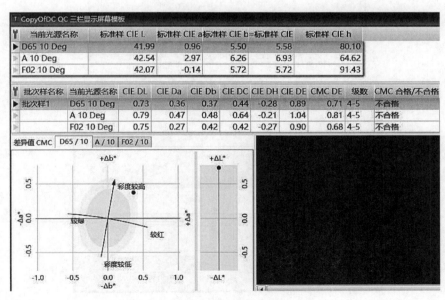

图 3-1-31　改变允差值后的判定结果

071

如何改变允差值的大小呢？其操作步骤如下：

在图 3-1-32 所示窗口中，选择"系统"下的"编辑允差"，弹出图 3-1-33 所示的系统允差维护窗口，在允差模板下拉菜单中选择已有允差，点击"编辑评估"，弹出图 3-1-34 所示窗口，在该窗口进行允差编辑。编辑完成后按"确定"。

图 3-1-32　编辑允差工具栏

图 3-1-33　系统允差维护窗口

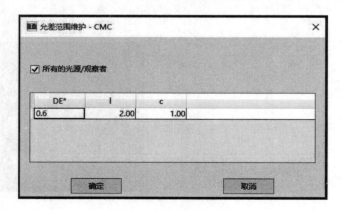

图 3-1-34　允差范围维护

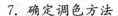

7. 确定调色方法

根据图中 DL^*、Da^*、Db^* 的值均为正值，可以确定批次样稍淡，且偏红、偏黄，所以批次样的调色可以加蓝、减少红色染料的用量。

【复习指导】

1. 由莱特线段和麦克亚当椭圆可知，CIE-XYZ 表色系统是不均匀的，不能用两个色度点的距离来计算试样之间的色差。因此，必须对 CIE-XYZ 表色系统进行变换，建立均匀的颜色空间。

2. 均匀颜色空间是色差公式建立的基础。色差公式所依据的颜色空间的均匀性越好，计算的色差与视觉之间的相关性较好，CIE LAB 色差公式相对应的 CIE 1976$L^* a^* b^*$ 颜色空间比较均匀。

3. 在色差公式中引入加权系数，使得建立起来的色差公式与视觉之间的相关性有明显的提高。CMC($l:c$)色差公式就属于这一类型。没有哪个色差公式的计算结果与人的视觉是完全一致的。

4. 对颜色的评价中，色差是重要指标，包括总色差、色相差、明度差和饱和度差。

【思考题】

1. CIE-RGB、CIE-XYZ、CIE-LAB 表色系统有什么联系和区别？
2. 何谓色差及容差界限值？
3. 简述 CMC(2:1)色差公式比 CIE LAB 色差公式的优势性。
4. 简述 L、a、b、C、H 的物理意义及 ΔL、Δa、Δb、ΔC、ΔH 值的正负含义。
5. 简述色差计算的实际意义。

任务 3–2　同色异谱颜色及其评价

【知识目标】

1. 了解同色异谱现象及原因
2. 掌握同色异谱现象的评价方法

【技能目标】

1. 学会测色光源的设定
2. 学会利用 qtx 文件读入标准样颜色
3. 能利用电脑测色软件进行同色异谱程度的测定

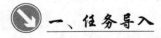 **一、任务导入**

你是否曾在百货公司为裤子和袜子配好颜色，而回到家后发现在白炽灯下它们的颜色不再匹配？纺织品生产商和其他颜色集中的商品也会遇到这种现象。如何解释该现象呢？

二、任务分析

前面介绍过颜色的匹配试验,可以用波长为 660 nm 的红光与波长为 493 nm 的绿光按照一定的比例匹配而得到白光,也可用波长为 572 nm 的黄光和波长为 470 nm 的蓝绿光混合而得到白光。这种混合而成的光谱组成不同的两种白光,给人的视觉效果是相同的。由格拉斯曼颜色混合定律可知,两种光谱分布不同的光刺激,其颜色外貌可能完全相匹配。上述现象就称为同色异谱现象。要想解释清楚上述现象并且对该现象进行评价,需要学习下面的相关知识和操作技能。

 三、相关知识链接

(一)同色异谱的概念

同色异谱现象,简单来说就是颜色相同而光谱组成不同。一种颜色的再现与观察颜色的光源特性有一定的关系,某两种物体在一种光源下呈现的颜色相同,但在另外一种光源下却呈现不同的颜色。光谱组成不同的两个颜色刺激,在某一条件下被判断为等色的现象,称为同色异谱现象,也称为条件等色。此现象为配色时常常遭遇的情况。

(二)条件等色的分类

1. 光源条件等色

两个光谱能量不同的光源(例如标准 C 光源和荧光灯),在 CIE 1931 标准色度观察者看来,两者是等色的。

2. 固体表面色条件等色

(1)照明体条件等色　一对颜色在某种光源下呈现的颜色是等色的,在其他光源下呈现的颜色却有差异。这种现象称为照明体条件等色,即"光源的色变",俗称"跳灯"现象。

若两个颜色样品的光谱反射率为 $\rho_1(\lambda)$ 和 $\rho_2(\lambda)$,在相同的照明条件 $S_D(\lambda)$ 下,其三刺激值分别为 X_1、Y_1、Z_1 和 X_2、Y_2、Z_2,如果这两个颜色样品具有相同的视觉效果,即它们是同色的,则它们应有相同的三刺激值,即:$X_1=X_2$,$Y_1=Y_2$,$Z_1=Z_2$。

举例:四个中性灰条件等色样品的分光反射率曲线如图 3-2-1 所示,在 D65 的照明条件下色度点相重合,而在 A 光源下不重合(图 3-2-2)。

(2)标准色度观察者条件等色　在相同的光源下比较两块色样,一位观察者认为偏红,而另一位观察者认为偏绿。这种现象为"观察者色变"。实际生活中,人与人之间的视觉差异也可能造成这种条件等色现象。如 A 和 B 两个物体,X 说是一种色,而 Y 和 Z 都说是另外一种颜色。那么到底谁对呢?可能都是对的——条件等色。

标准色度观察者为 CIE 1931 XYZ 标准色度观察者(2°视场)时,$X_1=X_2$,$Y_1=Y_2$,$Z_1=Z_2$(图 3-2-3);而当标准色度观察者为 CIE 1964 XYZ 补充标准色度观察者(10°视场)时,$X_1\neq X_2$,$Y_1\neq Y_2$,$Z_1\neq Z_2$(图 3-2-4)。

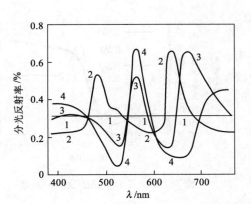
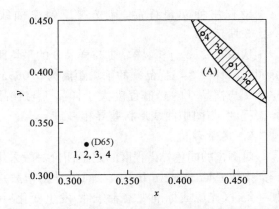

图 3-2-1　四个中性灰条件等色样品的反射率曲线　　图 3-2-2　四个样品在 D65 和 A 光源下的色度点分布

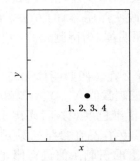
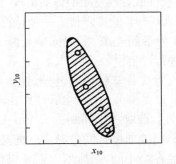

图 3-2-3　四个样品的 CIE 1931 色度坐标　　　图 3-2-4　四个样品的 CIE 1964 色度坐标

　　在实际生产和贸易过程中,常常需要复现某种颜色。纺织印染加工中的颜色匹配是最典型的例子之一,要求再现的颜色样品在某个选定的照明体下与客户来样的颜色外貌相同。可是在具体的颜色复现过程中,很难做到复制色样与客户来样所用的材料、染料种类和性能、染料配方等完全相同,更不用说异质媒介的颜色复制。所以,在这样的情形下,需要对两种颜色样品进行同色异谱程度的评价。

(三) 同色异谱程度的评价

　　在自然昼光下颜色相同的两个色样,换成另一光源照明时,两个色样之间有时会出现明显色差。在实际应用中如果想匹配标准样的颜色,配出的颜色最好不受光源影响,而且与标准样之间有尽可能好的颜色匹配效果。配出的颜色质量除了用自然昼光下具有的色差来表示外,还应用同色异谱指数进一步表示这对色样之间的颜色匹配程度。同色异谱程度一般从定性和定量两个方面进行衡量。

　　1. 定性评价

　　定性评定主要从样品的光谱分布形状的差异来观察。由光谱分布差异,可以粗略地判断同色异谱的程度。光谱反射率曲线形状大致相同,交叉点和重合段多,表明同色异谱程度低;如果光谱反射率曲线形状差异很大,同色异谱的程度就高;如果光谱反射率曲线形状相同,仅波峰高低略有不同,表明两个样品存在明度差异,而色相和饱和度大致相同。这是一种很实用的判断方法。

设有三种颜色样品,其光谱反射率曲线如图 3-2-5 所示。

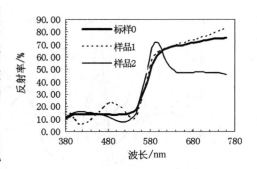

图 3-2-5　三个样品的反射率曲线

从图 3-2-5 分析,样品 1 与样品 0 的平均距离为 0.039 m,样品 2 与样品 0 的平均距离为 0.065 m。故样品 2 与样品 0 的异谱程度大于样品 1 与样品 0 的异谱程度,与图中曲线形状差异相一致。

2. 定量评价

对颜色的同色异谱程度的定量评价一般采用同色异谱指数(Metamerism Index)。同色异谱指数是指当某一条件(光源或标准观察者条件)发生变化后,原来等色的两个样品之间出现的色差,以 Metamerism 表示,简写为 M。同色异谱效应可能由于改变色度观察者条件或者改变照明体而造成,但前者的影响一般很小,所以,主要考虑照明条件。

CIE 在 1971 年正式公布了一种计算同色异谱指数(改变照明体)的方法。该方法采用标准光源 D65 为参照光源,采用标准光源 A 和 F02(荧光照明体)为待测光源,采用标准观察者(10°视场)进行评价。

评价时,首先计算构成同色异谱色对的试样 1 和试样 2 在参照照明体 D65 下的三刺激值 X_1、Y_1、Z_1 和 X_2、Y_2、Z_2,然后计算在测试照明体下的三刺激值 X_1'、Y_1'、Z_1' 和 X_2'、Y_2'、Z_2'。计算时,原则上选取波长间隔为 5 nm,并采用 CIE 1964 标准色度观察者光谱三刺激值函数。一般情况下,精确地做到同色异谱匹配是很困难的,两个颜色样品在参照光源下通常并非完全匹配,可能存在微小的差异,所以需要对色样在待测光源下的三刺激值进行修正,有加法校正和乘法校正两种方法。

(1)加法校正

① 在参照照明体下,$X_1 \neq X_2$,$Y_1 \neq Y_2$,$Z_1 \neq Z_2$,则 $\Delta X = X_1 - X_2$,$\Delta Y = Y_1 - Y_2$,$\Delta Z = Z_1 - Z_2$;

② 对样品 2 在测试照明体下的三刺激值 X_2'、Y_2'、Z_2' 作如下变换:

$$\left.\begin{aligned} X_2'' &= X_2' + \Delta X = X_2' + (X_1 - X_2) \\ Y_2'' &= Y_2' + \Delta Y = Y_2' + (Y_1 - Y_2) \\ Z_2'' &= Z_2' + \Delta Z = Z_2' + (Z_1 - Z_2) \end{aligned}\right\} \qquad (3\text{-}2\text{-}1)$$

③ X_2''、Y_2''、Z_2'' 为校正后的试样 2 的三刺激值,然后根据 X_2''、Y_2''、Z_2'' 与样品 1 在测试照明体下的三刺激值 X_1'、Y_1'、Z_1' 计算色差 ΔE;

④ 最后用 ΔE 作为两个样品在参照照明体下的同色异谱程度的度量。

(2)乘法校正

① 在参照照明体下,$X_1 \neq X_2$,$Y_1 \neq Y_2$,$Z_1 \neq Z_2$,则 $\Delta X = \dfrac{X_1}{X_2}$,$\Delta Y = \dfrac{Y_1}{Y_2}$,$\Delta Z = \dfrac{Z_1}{Z_2}$;

② 对样品 2 在测试照明体下的三刺激值 X_2'、Y_2'、Z_2' 作如下变化:

$$\left.\begin{aligned} X_2'' &= X_2' \times \Delta X = X_2' \times \frac{X_1}{X_2} \\ Y_2'' &= Y_2' \times \Delta Y = Y_2' \times \frac{Y_1}{Y_2} \\ Z_2'' &= Z_2' \times \Delta Z = Z_2' \times \frac{Z_1}{Z_2} \end{aligned}\right\} \qquad (3\text{-}2\text{-}2)$$

③ X_2''、Y_2''、Z_2'' 为校正后的试样 2 的三刺激值,然后根据 X_2''、Y_2''、Z_2'' 与样品 1 在测试照明体下的三刺激值 X_1'、Y_1'、Z_1' 计算色差 ΔE;

④ 最后用 ΔE 作为两个样品在参照照明体下的同色异谱程度的度量。

如果该色对在参照照明体下为同色,即 $X_1=X_2$、$Y_1=Y_2$、$Z_1=Z_2$,则无需校正。

在具体应用中,采用加法校正还是乘法校正,可以自主选择,CIE 规定可以任选一种修正方法。但在某些实际情况下,相乘校正比相加校正能得到更令人满意的结果。研究结果表明:

(1) 当色样与标准样的色差较小时,乘法修正与加法修正的差异不大。

(2) 当色样与标准样的原色差较大时,乘法修正与加法修正相差较大。

(3) 当原色差较大时,特别是当 Z 值相差较大时,尤其不宜采用加法修正。可能是基于此,在我国的国家标准中规定采用乘法修正。

3. 同色异谱指数计算举例

设有三种颜色样品,其光谱反射率曲线如图 3-2-5 所示。这三个色样在参照光源 D65 和 10°视场条件下是同色异谱颜色,具有相同的三刺激值,即 $X_0=X_1=X_2$、$Y_0=Y_1=Y_2$、$Z_0=Z_1=Z_2$,它们间的色差值都为零。当参照光源 D65 改换为测试光源 A 时,计算表明三种样品有不同的三刺激值,计算结果列于表 3-2-1 中,从表中可以看出,它们间的色差不等于零。

表 3-2-1　同色异谱颜色计算

光源	颜色样品	三刺激值			CIE LAB			色差
		X	Y	Z	L	a	b	ΔE
参照光源 D65	0	42.73	33.19	15.18	64.31	36.84	34.77	标准
	1	42.73	33.19	15.18	64.31	36.84	34.77	0
	2	42.73	33.19	15.18	64.31	36.84	34.77	0
测试光源 A	0	59.23	40.25	4.95	69.65	37.79	44.04	标准
	1	60.02	40.23	5.35	69.63	39.63	41.29	3.31
	2	57.27	40.86	4.78	69.73	32.91	45.37	5.06

根据同色异谱指数(符号为 M)的确定方法,导出(0,1)和(0,2)两对颜色样品的同色异谱指数,列于表 3-2-2 中。其中,同色异谱指数的计算以样品 0 为标准样品,样品 1 和 2 为复制品。

表 3-2-2　同色异谱指数计算结果

颜色样品	同色异谱指数	CIE 1976ΔE_{ab}
(0,1)	M_A	3.31
(0,2)	M_A	5.06

(四) 条件等色(同色异谱)的几点说明

1. 光谱反射率曲线的定性评价

两个光谱反射率曲线形状不同的颜色刺激,如要同色,则其光谱反射率曲线在可见光谱波段(400～700 nm)内至少在三个不同波长处具有相同的数值,而在其他波长位置不相同。也就是说,两者的光谱反射率曲线至少有三个交叉点。

2. 照明体的选择

（1）选择参照照明体和待测照明体时，可以选 D65 和 A 等以外的其他标准照明体，但是需要注明。

（2）CIE 当时规定色差计算采用 CIE 1964 色差公式，如果用其他色差公式应说明。

（3）标准观察者可以选 10°，也可以选 2°，计算时应注明，但对结果的影响程度不如照明体大。

（4）在大多数情况下，精确的同色异谱色匹配（$X_1 = X_2$，$Y_1 = Y_2$，$Z_1 = Z_2$）是很难的，一般只能达到近似的同色异谱匹配。例如，染色和印花过程中都会存在一定色差。实际生产中，应允许复制品与标准样品存在色差，但应尽量控制复制品与标准样之间的色差在规定的允许范围内。

 四、任务实施

任务 3-2
同色异谱指
数的测量

（一）校正仪器

详见任务 2-1。

（二）选定测色光源

织物在不同的光源下会显示不同的颜色。测色时，一般根据客户要求设定测色光源。国际上通用的主要光源资料见表 3-2-3。

表 3-2-3　国际上通用的主要光源资料

光源	灯的类型	色温/K	内容及用途
D50	含荧光的平均日光（专利）过滤钨灯（专利）	5 000	模拟中午天空日光，在绘图艺术和摄影领域中也有广泛应用
D65	含荧光的平均日光（专利）过滤钨灯（专利）	6 500	模拟平均北天空日光，光谱值符合欧洲、太平洋周边国家的视觉颜色标准
D75	含荧光的平均日光（专利）过滤钨灯（专利）	7 500	模拟北天空日光，符合美国的颜色视觉评定
CWF(F02)	美国商业荧光	4 150	典型的美国商场和办公室灯光，同色异谱测试
WWF	美国商业荧光	3 000	典型的美国商场和办公室灯光，同色异谱测试
U30(F12)	美国商业荧光	3 000	稀土商用荧光灯，用于商场照明，等同于 TL83
U41	美国商业荧光	4 100	稀土商用荧光灯，用于商场照明，等同于 TL84
TL83	欧洲商业荧光	3 000	稀土商用荧光灯，在欧洲和太平洋周边地区用于商场照明
TL84(F11)	欧洲商业荧光	4 100	稀土商用荧光灯，在欧洲和太平洋周边地区用于商场照明
Horizon	卤钨灯（白炽灯）	2 300	模拟早晨日升、下午日落时的日光，同色异谱测试
Inca A	卤钨灯（白炽灯）	2 856	同色异谱测试的典型白炽灯，家庭或商场重点使用的光源
MV	高强度商业灯	4 100	水银灯，用于商场、工厂、街道照明
MH	高强度商业灯	3 100	金属卤化灯，用于商场
HPS	高强度商业灯	2 100	高压钠灯，用于工厂
UV	紫外光	BLB	近紫外线不可视，用于检验增白剂效果、荧光染料等

（三）测定标准样和批次样的颜色

详见任务 3-1。

（四）同色异谱程度的评定和分析

本任务设定了 D65、F02 和 A 三种光源进行测色，色样在不同光源下显示不同的颜色。

1. 在批次样颜色数据网格的空白处，点击"鼠标右键"，弹出图 3-2-6 所示窗口，在该窗口中选择"网格设置"，弹出图 3-2-7 所示窗口。

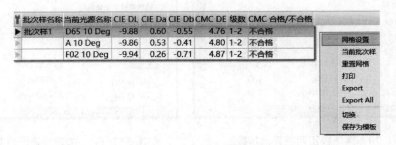

批次样名称	当前光源名称	CIE DL	CIE Da	CIE Db	CMC DE	级数	CMC 合格/不合格
▶ 批次样1	D65 10 Deg	-9.88	0.60	-0.55	4.76	1-2	不合格
	A 10 Deg	-9.86	0.53	-0.41	4.80	1-2	不合格
	F02 10 Deg	-9.94	0.26	-0.71	4.87	1-2	不合格

（右键菜单：网格设置、当前批次样、重置网格、打印、Export、Export All、切换、保存为模板）

图 3-2-6　网格设置

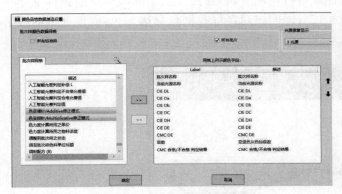

图 3-2-7　颜色品管数据浏览设置

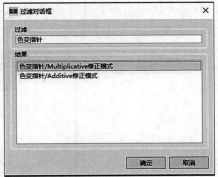

图 3-2-8　过滤对话框

2. 在图 3-2-7 所示窗口中，点击"批次样网格"后面的"🔍"按，弹出图 3-2-8 所示窗口，在"过滤"下面的空白处输入"色变指针"，选中"色变指针/Additives"和"色变指针/Multiplication"，按"确定"；或者在图 3-2-7 所示窗口的批次样网格中直接找到"色变指针/Additives"和"色变指针/Multiplication"，按"＞＞"，再按"确定"按钮，弹出图 3-2-9 所示窗口。

当前光源名称	标准样 CIE L	标准样 CIE a	标准样 CIE b	标准样 CIE	标准样 CIE h
▶ D65 10 Deg	62.79	-9.01	-12.86	15.70	234.99
▶ A 10 Deg	60.76	-10.18	-16.63	19.50	238.53
▶ F02 10 Deg	60.81	-6.36	-15.98	17.20	248.31

批次样名称	当前光源名称	CIE DL	CIE Da	CIE Db	CMC DE	级数	CMC 合格/不合格	色变指针/Multiplic	色变指针/Additive
▶ 批次样2	D65 10 Deg	-1.66	0.35	-1.35	1.36	3-4	不合格		
	A 10 Deg	-1.76	-1.31	-1.21	1.35	3-4	不合格	1.72	1.67
	F02 10 Deg	-1.41	0.09	-1.04	0.96	4	警告	0.38	0.47

图 3-2-9　跳灯指数

以名称为客户样的试样为例，在 D65 光源下的标准样和色样的 CMC（2：1）色差值为 0.96，色差值最小；而在 D65 和 A10 光源下，色差值分别为 1.36 和 1.35。说明光源改变，标准样和批次样的同色性降低，不再呈现等色现象。同色异谱程度定量分析以 D65 为参照光源，以 A 和 D65 为待测光源，乘法校正的同色异谱指数分别为 1.72 和 0.38，加法校正的同色异谱指数分别为 1.67 和 0.47，如图 3-2-10 和图 3-2-11 所示。

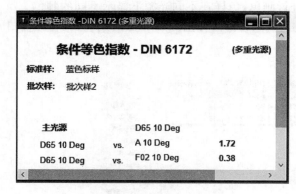

图 3-2-10　乘法校正同色异谱指数　　　图 3-2-11　加法校正同色异谱指数

同色异谱程度可通过光谱反射率曲线进行定性分析，通过反射率曲线可观察到标准样和色样的光谱反射率曲线有差异（图 3-2-12），说明该对色样是同色异谱颜色；弱反射率曲线形状相似，则同色异谱程度低。

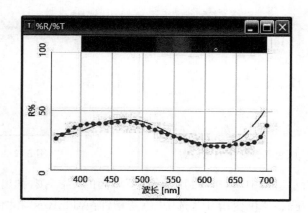

图 3-2-12　色样与标准样的反射率曲线

【复习指导】

1. 条件等色又称同色异谱，印染企业也常常称为"跳灯"，是染整加工过程中的常见现象。理论上可分为照明体条件等色和观察者条件等色。

2. 在实际生产过程中，可能出现等色的条件包括：

（1）照明体的改变。

（2）标准色度观察者不同。

（3）测试仪器不同。

（4）观察颜色的个体不同。

3. 条件等色指数用来衡量颜色的"跳灯"现象，不能简单地用不同条件下测得的色差值表示，而必须采用专门的计算方法。采用 CIE 标准光源 D65 为参照光源，采用 CIE 标准光源 A 和 F02（荧光照明体）为待测光源，采用 CIE 标准观察者（10°视场）进行评价。

【思考题】

1. 何谓同色异谱现象？同色异谱现象有哪些类别？
2. 如何减少同色异谱现象的产生？
3. 何谓同色异谱指数？
4. 如何评价同色异谱程度？
5. 用测色仪测量同色异谱指数时应注意哪些问题？

任务 3-3　织物白度的评定

【知识目标】

1. 理解白度的含义，了解白度评价的影响因素
2. 掌握白度的计算公式

【技能目标】

1. 能够对分光光度仪的测色条件进行设定
2. 学会白度的设定及分光光度仪的校正
3. 能利用测色软件对纺织品进行白度测试，并对测试结果进行准确判断和分析

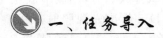 一、任务导入

通过织物前处理的学习已经知道，经过漂白处理的织物，其白度比原布提高许多，但有时织物的白度仍不能达到客户的要求，因此还需要增白处理。通过增白处理的织物，其白度比漂白后的织物又有了一定程度的提高。如何评定织物漂白或增白后的效果，即如何衡量织物的白度呢？

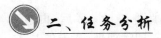 二、任务分析

白色是人们日常生活中喜爱并常见的一种颜色，它通常也是衡量工农业产品质量好坏的一种标志。因此，在建材、轻工、纺织、造纸等工业部门，白色程度的评价是广泛遇到的问题。纺织行业中，评价白度的传统方法是目测法。但目测法受人的生理、心理、光源、环境等因素的影响，很难得到统一的评定结果，而且目测结果无法用数字描述。为此，国际照明委员会（CIE）一直力图解决白度的定量评价问题，即用数值来表示白色程度。下面介绍白度的基本知识和操作技能。

三、相关知识链接

白度是具有高的光反射率(高明度)和低的色饱和度(低彩度)的颜色群体的属性。白色和红、黄、绿、蓝一样也是一种颜色,可以用 CIE 标准色度学系统加以数字化。白色在色空间中处于 $470 \sim 570$ nm 的狭长范围内,亮度大于 70,兴奋纯度 P_e 小于 0.1。大多数观察者能够将分光反射率、纯度和主波长不同的白色样品,按照知觉白度的差别排列出先后顺序。对于同一组给定的白色样品,其排列顺序不仅会由于观察者不同而不同,也会因同一观察者采用不同的方法而不同。白度的评价还依赖于观察者的喜好,如有人喜好带蓝光的白,有人喜好带红光的白等,再如在不同亮度或不同光源下观察,都可能有不同的结果。由此可见,对白度的评价比颜色的评价更困难,对纺织品的白度进行测定就更复杂。生产实践中,白度的评价常有两种方法,一种是比色法,另一种是用仪器进行测量。

(一)比色法——目视评定

即将待测样品与已知白度的标准样进行比较,从而确定样品的白度。标准白度样卡(白度卡)通常分为 12 档,以嘧胺塑料或聚丙烯塑料制成。我国采用 ZBW 04016—1989《评定纺织品白度用样卡》,白度的分级与容差见表 3-3-1。

表 3-3-1　白度级别

级别	1	2	3	4	5
白度值 W_{10} 及容差	70 ± 3	85 ± 3	100 ± 3	130 ± 3	150 ± 3

用目光评定白度,在北半球用北窗光,在南半球用南窗光,时间 10:00～15:00;也可采用人工标准光源箱。用 ZBW 04016—1989 白度样卡进行目视评定时,试样放右方,白度卡放左方,并将 10 孔黑卡纸盖在上面。采用晴天北方光或 600 nm 及模拟 D65 标准光源照射,入射光与试样成 45°,观察方向大致垂直于试样表面,凡白度值低于 70 者为 1 级,高于 150 者为 5 级。白度值愈大表示纺织品的白度愈高。

因为目视评定存在主观性,不同观察者会给出不同的结果,所以利用仪器手段来客观地评价白度,取代可能有争议的目视评价,是不可逆转的趋势。

(二)仪器评定

使用仪器进行白度评价,实际上是通过仪器测量得到 CIE 三刺激值 X、Y、Z 后,再通过计算机进行换算得到各种白度公式下的白度值。白度是一个复杂的心理物理量,几十年来,各国研究人员提出了数以百计的白度计算公式,以便使白度的测定结果与人的目测规律相符。

1. 1982 年 CIE 推荐的白度公式

CIE 1982 白度评价公式是在甘茨(E. Ganz)多年的白度研究工作的基础上提出的,是国际照明委员会推荐的唯一一个评价白度的公式,也是我国纺织品白度评价的国家标准中选定的公式。CIE 对白度测量规范有如下约定:

① 使用同样的标准光源或照明体进行视觉及仪器的白度测量,并推荐 D65 为近似的 CIE 标准光源。

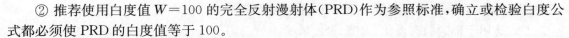

② 推荐使用白度值 $W=100$ 的完全反射漫射体（PRD）作为参照标准，确立或检验白度公式都必须使 PRD 的白度值等于 100。

根据以上推荐，任何白色物体的白度是表示它对于完全反射漫射体的白色程度的相对值。

甘茨白度公式与 CIE 1982 白度公式还是有一定差别的，其主要差别为：甘茨白度公式包括喜爱白色为中性无彩色、喜爱白色为蓝中带绿和喜爱白色为蓝中带红三种不同适用对象的三个白度公式；CIE 1982 白度公式只推荐了适合中性无彩色试样的一个白度计算公式。

喜爱白色为蓝中带绿，其表达式为：

$$\left. \begin{aligned} W &= Y + 1\,700(x_n - x) + 900(y_n - y) \\ W_{10} &= Y_{10} + 1\,700(x_{n,\,10} - x_{10}) + 900(y_{n,\,10} - y_{10}) \end{aligned} \right\} \tag{3-3-1}$$

或

喜爱白色为蓝中带红，其表达式为：

$$\left. \begin{aligned} W &= Y - 800(x_n - x) + 3\,000(y_n - y) \\ W_{10} &= Y_{10} - 800(x_{n,\,10} - x_{10}) + 3\,000(y_{n,\,10} - y_{10}) \end{aligned} \right\} \tag{3-3-2}$$

或

喜爱白色为中性无彩色，CIE 1983 推荐的公式为：

$$\left. \begin{aligned} W &= Y + 800(x_n - x) + 1\,700(y_n - y) \\ W_{10} &= Y_{10} + 800(x_{n,\,10} - x_{10}) + 1\,700(y_{n,\,10} - y_{10}) \\ T_W &= 1\,000(x_n - x) - 650(y_n - y) \\ T_{W,\,10} &= 900(x_{n,\,10} - x_{10}) - 650(y_{n,\,10} - y_{10}) \end{aligned} \right\} \tag{3-3-3}$$

式中：x_n 和 y_n 为理想白在 2° 视场条件下的色度坐标（对于 C 照明体，$x_n = 0.310\,1$，$y_n = 0.316\,2$；对于 D65 照明体，$x_n = 0.312\,7$，$y_n = 0.329\,0$）；$x_{n,\,10}$ 和 $y_{n,\,10}$ 为理想白 10° 视场条件下的色度坐标（对于 D65 照明体，$x_{n,\,10} = 0.313\,8$，$y_{n,\,10} = 0.331\,0$）；Y 为试样在 CIE XYZ 表色系统中的明度指数；x 和 y 为试样在 CIE XYZ 表色系统中的色度坐标；W 和 W_{10} 分别为 2° 视场和 10° 视场条件下的白度值（W 值愈大，白度愈高）；T_W 和 $T_{W,\,10}$ 分别为 2° 视场和 10° 视场条件下被测试样的色泽（T_W 为正值时表示带绿光，值越大绿光越重；T_W 为负值时表示带红光，并且负值越大红光越重）。

除特殊说明外，上述公式只推荐用于非荧光白度的相对测量，因为大多数情况下，仪器光源中的紫外线含量均不符合 D65 标准照明体的规定。对于荧光增白剂增白后的样品，其白度评价更为复杂，辐照样品光源的 UV 含量会给评价带来极大影响，光源中的紫外含量不同，会使荧光增白剂的分子受到不同程度的激发，从而在可见光区发射的荧光强度不同，则会观察到不同的白度。

2. 坦伯（TAPPI）白度公式

$$W_T = gZ \tag{3-3-4}$$

式中：W_T 为白度值；Z 为试样的三刺激值；g 为系数（与所用标准光源及视场范围有关，采用 D65 光源和 10° 视场时，$g = 0.931\,7$）。

3. SY（Stensby）白度公式

$$W_S = L + 3a - 3b \tag{3-3-5}$$

式中：W_s为白度值；L为明度值；a和b分别为色度值。

上式适用于棉、黏胶、蚕丝、聚酯、聚丙烯腈。

4. 亨特（Hunter）白度公式

$$W_h = 100 - [(100-L)^2 + a^2 + b^2]^{\frac{1}{2}} \qquad (3\text{-}3\text{-}6)$$

式中：W_h为白度值；L为明度值；a和b分别为色度值。

5. 蓝光白度公式

$$R_{457} = 0.925 \times Z + 1.16 \qquad (3\text{-}3\text{-}7)$$

式中：R_{457}为白度值；Z为试样的三刺激值。

（三）荧光样品的分光测色

荧光物质在纺织印染行业的应用比较广泛，如印花用的荧光涂料，颜色十分鲜艳，非常受消费者的欢迎。由于荧光增白剂能明显地提高纺织品的白度，因而荧光增白处理已成为纺织品不可缺少的加工过程。

荧光增白剂（FWA）的作用原理是将 FWA 加入到材料中后，即具有在 300～400 nm 范围内吸收紫外线的能力，吸收紫外线的能量后，FWA 分子中的电子能级发生跃迁，这部分能量在可见光区的蓝紫光区（420～500 nm）以荧光的形式发射，从而弥补材料对蓝、紫光的吸收（使颜色发黄），达到增白的效果。

图 3-3-1 表示加入 FWA 和不加 FWA 时黄色织物的理想反射率曲线。可以观察到含FWA 的织物所反射的光以及被释放的荧光的能量总和（即反射率加上荧光）超过不含 FWA的织物，织物看上去会"比白色更白"。

从荧光增白剂的增白机理可以看出，经过荧光增白剂处理的织物具有与非荧光物质完全不同的颜色特性，给颜色测量带来很多不便。物体表面色的分光测色原理如图 3-3-2所示。

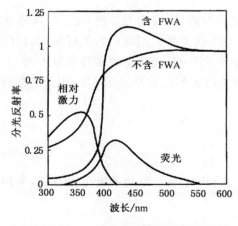

图 3-3-1　荧光增白剂作用机理

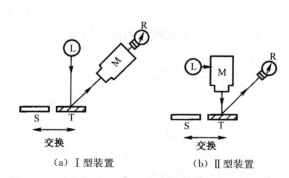

图 3-3-2　物体表面色分光测色原理图（Ⅰ型和Ⅱ型）

L—照明光源　M—单色器　R—探测器　S—标准样品　T—被测样品

(四) 纺织品白度的检测

1. 测色仪器的选择

能够测量物体颜色三刺激值的仪器均可用于白度的测定。仪器可分为两类。一类是能在 330～700 nm 范围内很好地模拟 D65 标准照明体的光谱功率分布的仪器,如光源为氙灯类的测色仪,可测量经荧光增白剂处理的试样;另一类是仅在可见光(400～700 nm)范围内很好地模拟 D65 标准照明体的光谱功率分布的仪器,如光源为钨灯类的测色仪,由于紫外光波段的激发能量微弱,不能有效激发试样的荧光部分而使其产生幅射功率,因此不能准确地测量荧光样品的白度值。

2. 试样类型

被测试样的表面清洁度、湿度、透光性及是否含荧光物质均会影响测量结果。为了与国际标准接轨,参照国际标准 ISO - 105 - J02 - 1997,对仪器进行选择并对被测试样进行处理以便进行测试。

(五) 纺织品白度检测的注意点

纺织品的白度检测或评定,应严格使用同一厂家(同一型号)的仪器和同一个白度公式的操作规程进行,并注明仪器的照明/观测结构。选用的仪器不同时,测量结果会不同(表3-3-2)。

表 3-3-2 　不同型号仪器测定的试样白度值

编号	织物类型	CIE1982 白度公式计算的白度值 W_{10}			
		SBD[a]	Opton[b]	Datacolor[c]	ACS[d]
1	棉布(漂白)	74.0	62.6	58.2	67.9
2	棉布(增白)	157.2	124.5	109.8	84.1

注:(a) 温州仪器厂 SBD 型白度仪(45/0、氙灯);(b) 德国 Opton 白度仪(d/0、氙灯);(c) 美国 Datacolor - 2000 白度仪 (d/0、氙灯);(d) 美国 ACS - 2018 电脑测配色仪(d/8、钨灯)。

测试前,首先在暗室内、紫外灯下目测试样,确定织物是否含有荧光增白剂,再选择适当的检测仪器和检测方法。对表面形状不规则的样品,需要按照测试要求进行规范处理,一般取不同角度的三点以上各测量一次,然后取平均值。测试前还应考核所用仪器的稳定性和重现性,一般测量标准白板的白度值数次,要求仪器的稳定性或重现性小于 0.5,环境温度小于 30 ℃,样品本身应洁净不潮湿。

白度公式的选择应特别注意,选择 CIE 1982 白度公式时,所得样品的白度值比较准确。需要注意的是:

(1) 式(3-3-3)规定不能用于明显带有颜色或颜色不同的样品,其中 T_w 和 $T_{w,10}$ 应满足如下条件:$-3 < T_w(T_{w,10}) < 3$。

(2) 测色仪器应该具有相同的结构,并且测试时间间隔不能太长,所测得的白度值应为 $W > 40$,$W_{10} < (5Y - 280)$ 或 $W_{10} < (5Y_{10} - 280)$。不论 $T_{w,10}$ 的允差范围是否符合要求,只要 W_{10} 小于 40,则认为该样品不具备白度评价价值,或者说该样品不是白色样品。

（3）当 $T_{w,10}$ 的允差范围符合要求，且计算出的白度值 W_{10} 大于 40 时，应观察被测试样的三刺激值 $Y(Y_{10})$ 和 Z 的大小，$Y(Y_{10}) \geqslant Z$ 时，仍然使用 CIE 1982 白度公式；当 $Y(Y_{10}) < Z$ 时，坦伯白度公式的计算结果更为准确。在这种情况下，该样品呈偏蓝（中性）色调。

在测试过程中，因为 CIE 1982 白度公式的要求比较严格，有些目测观察时并不很白的样品，其白度值 W_{10} 有时大于 40，同时 $T_{w,10}$ 的允差超出范围，从而导致仪器无法输出准确的白度值。这时宜采用坦伯白度公式或者亨特白度公式，而不必考虑 $Y(Y_{10})$ 和 Z 的大小。

（4）当两对样品的 ΔW 相等时，仅表示计算数值相等，并不代表颜色知觉具有相等的级别。当两对样品的 ΔT_w 相等时，也不表示感觉上的等色泽差。

在实际的检测和评定工作中，由于坦伯白度公式的适用范围较广，计算简单方便，准确度较高，国际通用，因此建议优先选择。蓝光白度公式与坦伯白度公式基本类似，计算结果很接近，可采用。亨特白度公式也是国际通用的，准确度也较高。一般情况下，可以将 CIE 1982 和坦伯、蓝光以及亨特白度公式计算的样品白度值同时列出并加以注明，以便对比。SY 白度公式的适用范围较窄，计算精度不高，不建议用于纺织品的白度检测以及医院、宾馆用的白色织物洗涤后的检测。

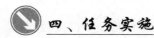四、任务实施

任务 3-3
织物白度
的测量

（一）织物准备

纯棉漂白织物：经过退、煮、漂一浴法前处理的半制品。

纯棉荧光增白织物：选用荧光增白剂对漂白后的棉织物进行处理。

黄度测试织物：选用柔软剂对漂白后的棉织物进行处理，以便进行黄度测试。

（二）设定测色条件与校正分光光度仪

1. 在图 3-3-3 所示窗口中，用鼠标点击工具栏中的"仪器"→"校正"选项，弹出图 3-3-4 所示窗口。

图 3-3-3　仪器校正工具栏

2. 在图 3-3-4 所示窗口中，调整仪器的校正条件为镜面光泽"不包含"、测色孔径"大孔径"和 UV—滤镜"100% UV（滤镜 off）"，完成后按"校正"按钮。

3. 完成分光光度仪校正后，在图 3-3-5 所示窗口中，选择"仪器"，按设置右侧的"▼"按钮，选择"UV D65/10（CIE 白度）"，弹出图 3-3-6 所示的窗口。

4. 在图 3-3-6 所示窗口中，将 CIE 检验瓷砖的白度值输入测试板的白度值栏内，接着将 CIE 检验瓷砖放在测色仪器的测色孔径上，按"自动校正器"按钮。

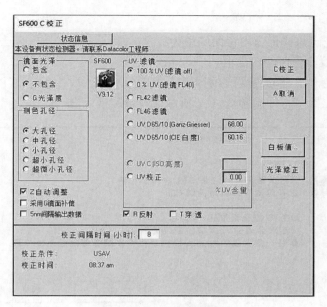

图 3-3-4　选择测色条件

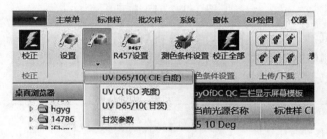

图 3-3-5　白度设定

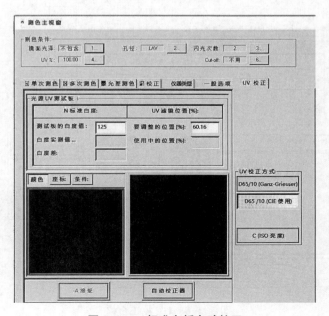

图 3-3-6　标准白板自动校正

【注意事项】

(1) CIE 检验瓷砖为校正盒内背面底色为红色的那块。

(2) 输入 CIE 检验瓷砖的白度值。

(3) 每一块瓷砖有本身的白度值,不可自行创造。

5. 按"自动校正器"后,弹出图 3-3-7 所示窗口,按"确定"按钮。

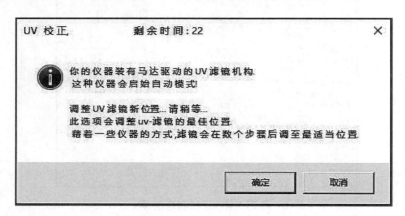

图 3-3-7　UV 校正

6. 此时分光光度仪开始连续测色,当计算机自动停止测色时,分光光度仪所测量的白度值会显示在白度实测值的方框内,屏幕上也会显示当前分光光度仪的 UV 转盘的位置,确认白度差为±0.4 后,按 A接受 按钮。具体操作见图 3-3-8。

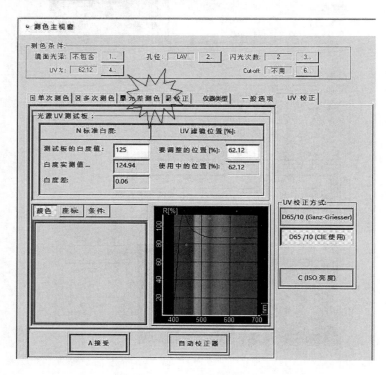

图 3-3-8　UV 校正合格

【注】如白度差超过±0.4,应重新按"自动校正器"按钮,再次校正 UV。

7. 完成后,再次进入图 3-3-4 所示的校正窗口,选择"校正"即弹出图 3-3-9 所示窗口,此时可以发现原本设定为"100 % UV",经 UV 校正后,计算机自动设定为 UV-滤镜为"UV D65/10(CIE 白度)"。

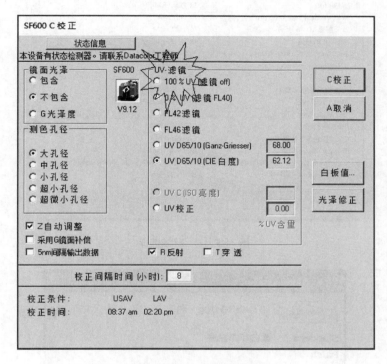

图 3-3-9　UV D65/10(CIE 白度)

8. 然后根据客户的要求或者色样的大小,调整镜面光泽和测色孔径的选项,设定完成后再次进行校正,即可进行色样测量的工作。

(三) 白度的测定

依次将漂白织物、荧光增白的织物放在分光光度仪的测色孔径上进行测色,依次调用两种白色织物的反射率曲线、CIE 白度指数等颜色参数,观察测试结果。

1. 漂白织物的测试

在图 3-3-10 所示窗口中,选择"窗体"中的"屏幕窗体",弹出图 3-3-11 所示窗口,在窗口中选择"CIE Whiteness/Tint",按"确定",弹出图 3-3-12 所示窗口。

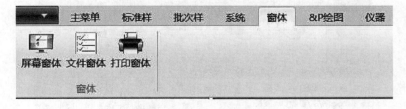

图 3-3-10　选择屏幕窗体

图 3-3-11　窗体选择

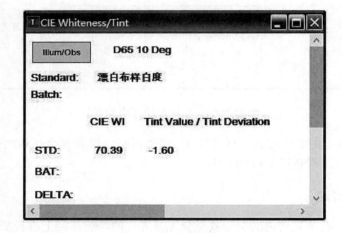

图 3-3-12　白度测量结果

在图 3-3-13 所示窗口中,点击"绘图"栏中的"曲线绘图",选择"R%/T%",弹出图 3-3-14 所示窗口。

图 3-3-13　曲线绘图

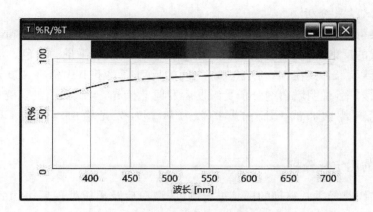

图 3-3-14　漂白织物的反射率曲线

2. 荧光增白织物的白度测试

荧光增白织物的测色过程与漂白织物的测色过程相同,测试结果见图 3-3-15、图 3-3-16。

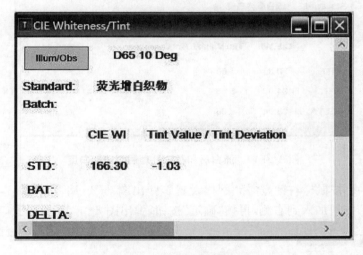

图 3-3-15　荧光织物白度

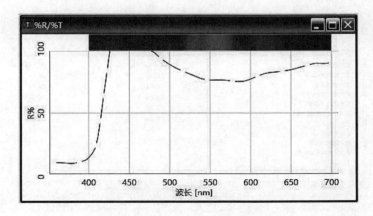

图 3-3-16　增白织物的反射率曲线

3. 白度测试结果分析

由测试结果可知,漂白织物在可见光区域具有较高的反射率,其在 440 nm 以下的蓝紫光区域具有相对低的反射率,说明它吸收了部分蓝紫光,所以呈现微量的黄色。从荧光增白织物的反射率曲线可以看出,其在 420～450 nm 之间的反射率大于 100%,在 420 nm 以下波段同样具有较小的反射率,说明增白剂分子受激发后发射蓝紫光,与织物上的黄光合成白光,使织物显得又白又亮。漂白布的 CIE 白度指数为 70.39,荧光增白织物的 CIE 白度指数为 166.30。

(四) 黄度的测定及分析

选定的漂白织物经柔软整理的样品进行测色,漂白后及柔软处理后织物的白度测试结果见图 3-3-17。

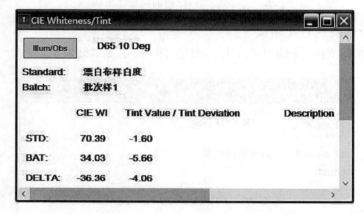

图 3-3-17　漂白后和柔软处理后织物的白度

在批次样区域,按鼠标右键,选择"网格设置",弹出图 3-3-18 所示窗口,选择"批次样黄度"E313,按" >> "按钮加入到右侧,再按"确定"按钮,弹出图 3-3-19 所示窗口。

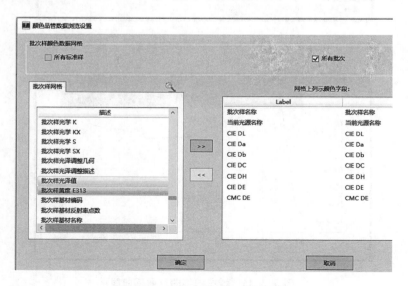

图 3-3-18　批次样 E313 网格选择

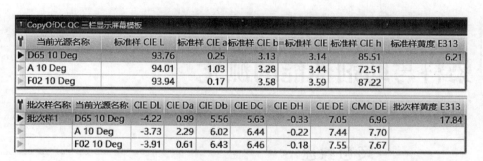

图 3-3-19　批次样 E313 黄度值

　　从图 3-3-17 和图 3-3-19 可以看出,织物经柔软整理后,白度值下降,黄度值提高。通过黄度值的测定,可以评价纺织品经整理加工的黄变现象,为整理剂的选择和整理工艺的优化提供依据。

【复习指导】

　　1. 白度是具有高明度和低彩度的一类颜色的属性。白度的评价比色差的评价更困难,因为白度会随着观察者的喜好而改变,白度评价在广大观察个体中不存在一个唯一的确定标准。

　　2. 白度的评价公式比色差的评价公式更多,其中 CIE 1982 白度公式是国际照明委员会推荐的白度计算公式。

　　3. 白度的仪器测量结果与目视结果之间的相关性,比色差的仪器测量结果与视觉之间的相关性差。

【思考题】

　　1. 影响织物白度的因素有哪些?

　　2. 简述常用的白度计算公式,说明各有什么特点。

　　3. 纺织品白度测试的注意点有哪些?

　　4. 采用 CIE 1982 白度公式对织物进行白度评价时应注意哪些问题?

　　5. 采用 Datacolor 测色仪对白度进行测试时应注意哪些问题?

　　6. 对荧光样品进行测量时应注意哪些问题?

染料与助剂性能的测定

项目综述

在本项目中将学习染色深度、染料的提升力、染料强度的概念;了解颜色表面深度在染整加工中的实际应用;掌握表面深度 K/S 值的计算方法;掌握增深剂的增深效果、匀染剂的匀染性能、染料提升力和染料强度以及染色牢度的测试方法。

任务4-1 增深剂增深效果的测定

【知识目标】

1. 了解表面深度的含义
2. 了解颜色表面深度在染整加工中的应用
3. 掌握表面深度 K/S 值的计算方法

【技能目标】

1. 学会利用测色系统对织物表面深度 K/S 值进行测定
2. 学会利用织物的 K/S 值对增深剂的增深效果进行衡量

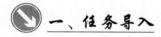

涤纶超细纤维仿真丝织物的开发,使得涤纶的染深性问题更为突出,若想染出能满足阿拉伯国家要求的特黑色就更不容易,因此需要对涤纶织物进行增深整理。现有两块用不同增深剂处理的布样,该如何衡量哪一种增深剂的增深效果更好?

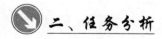

为了完成上述任务,需要测试织物的颜色深度。另外,在印染行业中,常常要对染料的染色性能进行评价,其中一个重要指标就是染色织物的表面深度。那么可以用计算机测色软件中的哪些数值来表示织物的颜色深度呢? 下面学习与颜色深度相关的知识和实践操作技能。

三、相关知识链接

(一) 颜色深度的含义

颜色深度是指颜色与白色之间的距离。颜色深度的评价在颜色科学中一直不受重视,但它对于染料和颜料的生产及应用行业却有着重要的实际意义。颜色的深浅直接涉及着色剂的用量,是对染料、颜料的着色强度(即力份)进行分析的基础。许多染料、颜料的提升力性能鉴定离不开颜色深度的概念。测定染色牢度时,为了有一个统一的衡量标准,必须首先确定有色产品的染色标准深度。染色基础数据库的检验以及染色工艺的制定都要根据颜色深度进行。

(二) 颜色深度的评价

在印刷、油漆等行业,颜色样品的表面深度与样品中颜料的实际含量有关,而对于以纤维材料为基质的染色产品,其深度的评价不能用染色物中染料的实际含量进行衡量。其原因主要有:

(1) 染料在织物表面的分布状态不同,如印花织物中,由于大量糊料的存在,染料在织物的正反面的分布有明显差别,特别是厚织物,通常很难印透,因而印有花纹的正面的得色深度明显比织物反面深,也就是上染于织物"正面"的染料量远远高于上染于织物"反面"的染料量。另外,印花糊料种类不同,色浆的黏度及流变性质的不同,都会造成染料在织物表面的分布状态的变化。染色也不例外,经常出现白芯现象。由于染料的分布状态不同,虽然织物中具有相同的染料含量,而表现出来的深度却可能有明显的差别。

(2) 染料在染色过程中的物理状态发生变化,如活性染料染色织物,在皂煮前后,染料在织物内部的物理状态发生变化,从而造成色光和表面色深的变化。

由此可见,染色物的表面深度用染色物中染料的实际含量是难以描述的,而且以此来评价织物的得色深度不能得到正确的结论。因此,要寻找颜色评定方法。

早在 20 世纪 20 年代,德国和瑞士的染料公司就制定了一套标准深度卡,叫作"Hilfstypen",含 18 种颜色和一档水平深度,且依靠专家目光确定。现在的 1SO 标准深度样卡,将"Hilfstypen"称为 1/1 标准深度,另外,增加了比 1/1 标准深度深的 2/1 以及比 1/1 标准深度浅的 1/3、1/6、1/12 和 1/25,共 6 个档次,其中前 5 个档次有 18 种颜色,1/25 档有 12 种颜色。

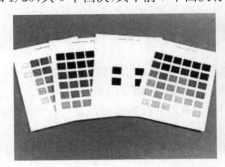
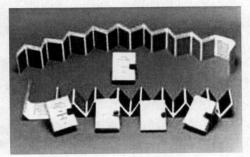

图 4-1-1　标准深度样卡

无光的标准深度样卡用毛织物染成,有光的用黏胶或其他长丝织物染制而成。除此以外,还有紫色和黑色色卡,其中无光的有 3 种颜色,有光的有 2 种颜色。

标准深度样卡实际上是一种知觉色,主要在特定背景下,由人眼的直接观察而确定。用目光确定深度时,需要在各色泽的标准深度样卡间进行"内插",这给观察者带来困难,使人分辨不清是深度上的差别还是色相或彩度上的差别,因此鉴定结果仍有主观误差。现在应用最多的是利用仪器进行测量,并通过公式来计算颜色深度,甚至色卡的制作也用测色结果进行规范。

(三) 颜色深度的计算

用于计算深度的公式很多,各有优缺点。下面介绍几种常用的颜色深度计算公式。

1. 库贝尔卡-蒙克(Kubelka-Munk)函数

库贝尔卡-蒙克函数是将颜料涂在基质上,然后测定其表面深度和颜料浓度之间的关系而得到的。该函数是计算表面颜色深度常用的公式,也是计算机配色过程中配方预测的理论基础。

库贝尔卡-蒙克函数与固体试样中有色物质浓度之间的关系如下:

$$\frac{K}{S} = \frac{(1-\rho_\infty)^2}{2\rho_\infty} - \frac{(1-\rho_0)^2}{2\rho_0} = k \cdot C \tag{4-1-1}$$

式中:K 为被测物体的吸收系数;S 为被测物体的散射系数;ρ_0 为不含有色物质的固体试样的反射率;ρ_∞ 为被测物体为无限厚时的反射率;k 为比例常数;C 为固体试样中有色物质的浓度,其值等于固体试样中有色物质为单位浓度时的 K/S 值,对于纺织品来说单位浓度可以是 1%(对织物重),也可以是 1 g/L 等。

一般情况下,不单独进行 K 值和 S 值的计算,而是计算 K/S 的比值,因此也称之为 K/S 值。

式(4-1-1)中的第二项有时是可以省略的,省略后的公式如下:

$$K/S = \frac{(1-\rho_\infty)^2}{2\rho_\infty} = k \cdot C \tag{4-1-2}$$

试样的 ρ_∞ 通常较大,所对应的 K/S 值则较小;而 ρ_∞ 的值通常较小,所计算出的 K/S 值很大。当 ρ_∞ 的值较小或比较两样品的相对表面深度时,为简单起见可以省略。需要注意的是,计算时 ρ_∞ 常常取最大吸收波长处的值,即最低反射率的值。有时,有些染料的吸收峰比较平坦,由于测量等方面的原因,不同样品间的最大吸收波长可能有小的变化,此时可以选定一个波长范围,取其平均值。

使用该函数应该注意如下问题:

(1) 用库贝尔卡-蒙克函数对纺织品表面深度进行计算时,纤维材料中有色物质的物理状态和染料的分布状态不同以及测量仪器的结构不同,都会影响测量结果。

(2) 应当注意式(4-1-2)中显示的 K/S 值与被测样品中有色物质的浓度之间的线性关系并不好,特别是深色样品的线性关系更差。

(3) 该函数采用色样在最大吸收波长(即反射率最小)处的 K/S 值,表示色深,只考虑最大吸收波长处的吸收和散射。如果最大吸收波长有差异或者有两个或三个吸收区的颜色(如绿色),则不宜用这种方法。即各色样应该具有相同的色相,否则不能使用库贝尔卡-蒙克函数

计算 K/S 值。

2. 高尔(Gall)色深公式——B 公式

20 世纪 70 年代,德国巴斯夫公司的色度专家 Dr. L. Gall 发展了一个用于对颜色深度进行评价的公式。Gall 和 Riedel 对染料和印染行业沿用多年的标准深度色卡进行测色计算,并对大量由辨色经验丰富的人目测评定的"等深的"各种颜色样品进行测量,推导出下列经验公式:

$$B = K + S\alpha(\varphi)\sqrt{Y} - 10\sqrt{Y}$$

或

$$B_{1/1} = 19 + S\alpha(\varphi)\sqrt{Y} - 10\sqrt{Y}$$

$$B_{1/3} = 29 + S\alpha(\varphi)\sqrt{Y} - 10\sqrt{Y}$$

$$B_{1/9} = 41 + S\alpha(\varphi)\sqrt{Y} - 10\sqrt{Y} \qquad (4\text{-}1\text{-}3)$$

$$B_{1/25} = 56 + S\alpha(\varphi)\sqrt{Y} - 10\sqrt{Y}$$

$$B_{1/200} = 73 + S\alpha(\varphi)\sqrt{Y} - 10\sqrt{Y}$$

式中:B 为颜色表面深度,$B_{1/1} = 0$ 表示样品的深度正好为 1/1 标准深度,$B_{1/3} = 0$ 表示试样的深度正好为 1/3 标准深度,余下的依次类推;K 为常数,对不同的色深水平,有不同的值,其值由相应标准深度灰色的明度值 Y 计算而得到 ($K = 10Y^2$),$K_{1/1} = 19$,$K_{1/3} = 29$,$K_{1/9} = 41$,$K_{1/25} = 56$,$K_{1/200} = 73$;Y 为亮度值,决定试样的明度;S 为 CIE x-y 色度图中颜色点与消色点之间的距离,其值与颜色的饱和度成比例;$\alpha(\varphi)$ 为与色相有关的经验系数。

从式(4-1-3)可以看出:试样的 Y 值愈小,即明度愈低,则颜色愈深;试样的饱和度愈大(S 值愈大),即颜色愈艳,则颜色愈深;色相对色深值 B 的影响以 $\alpha(\varphi)$ 值的大小来衡量。

由测色仪测得 Y、x 和 y,然后按以下公式进行计算。

(1) S 值的计算

$$S = 10\left[(x - x_0)^2 + (y - y_0)^2\right]^{\frac{1}{2}} \qquad (4\text{-}1\text{-}4)$$

式中:x 和 y 为测色仪测得的被测样品的色度坐标;x_0 和 y_0 为标准照明体的色度坐标,在标准光源 C 和 $2°$ 视场下,$x_0 = 0.310\,1$,$y_0 = 0.316\,2$。

(2) $\alpha(\varphi)$ 值的计算

① 先求色相角 φ。若 $x - x_0 > 0$,$y - y_0 > 0$,则色相角在第一象限:

$$\varphi = \text{arc tg}\frac{y - y_0}{x - x_0}$$

若 $x - x_0 > 0$,$y - y_0 < 0$,则色相角在第四象限:

$$\varphi = 2\pi + \text{arc tg}\frac{y - y_0}{x - x_0}$$

若 $x - x_0 < 0$,则色相角在第二、第三象限:

$$\varphi = \pi + \text{arc tg}\frac{y - y_0}{x - x_0}$$

② 求得 φ 角后,根据 φ 角的大小查附表Ⅶ,求得 φ_0 (φ_0 应接近 φ,并且满足 $\varphi \geqslant \varphi_0$),同

时由 φ_0 查得 $\alpha(\varphi_0)$、K_1、K_2、K_3 的值,而 $W = \dfrac{\varphi - \varphi_0}{100}$。

③ 将 $\alpha(\varphi_0)$、K_1、K_2、K_3 及 W 代入下式求 $\alpha(\varphi)$:

$$\alpha(\varphi) = \alpha(\varphi_0) + K_1 W + K_2 W^2 + K_3 W^3 \tag{4-1-5}$$

④ 将 S 和 $\alpha(\varphi)$ 值代入式(4-1-3)计算 B 值。

若 $B_{1/1} = 0$,则表示样品的深度刚好是 1/1;若 $B_{1/3} = 0$,则表示样品的深度刚好是 1/3;等等。若 B 不等于零,为正值,表示样品的深度比标准深度深,为负值表示样品的深度比标准深度浅。无论哪一档,深度值都不能为太大的正值或负值,否则表示公式选择不合适。B 值为过大正值时,应选上一档的深度公式重新计算;若 B 值为较大负值时,应选下一档的深度公式重新计算。各标准深度之间的间隔,随样品深度和颜色在色度图中的位置不同而不同。

在颜料工业中,B 公式已成为正式的德国国家标准方法(DIN 53235),并为欧洲的许多国家采用。

四、任务实施

任务 4-1
增深剂增深
效果的测定

(一) 材料、化学药品、仪器设备

实验材料:黑色超细涤纶织物。

化学药品:HAC、HS B - TECH 200 浓染树脂、E - BONY BLACK 柔软增深剂。

仪器设备:高温定型机(Rapid A1708)、Datacolor 测色配色仪(SF - 600 Plus)、烧杯、量筒、电子天平。

(二) 增深处理工艺

浸轧整理液(二浸二轧,树脂用量为 6%)——烘干——焙烘(温度 140 ℃,时间 30 s)——水洗——烘干。

(三) 增深剂增深效果的测定

1. 浓度指数的测定

(1) 反射率的测量。将分光光度仪调整正常后,将经过增深处理的织物和未整理织物根据其厚薄叠成 4~8 层,测定各波长下的反射率 $\rho(\lambda)$,选择反射率最低的值,计算 K/S 值。

(2) K/S 值的计算。根据测得的最大吸收波长处的反射率,按下式计算 K/S 值(色深值):

$$K/S = \frac{[1 - \rho(\lambda)]^2}{2\rho(\lambda)}$$

(3) K/S 值的测定。采用 Datacolor SF - 600 测色配色仪,在 D65 光源和 10°视场的条件下,测定织物的 K/S 值。

首先将增深处理的布样和未增深处理的布样分别作为标准样和批次样进行颜色测量,具体操作参照任务 3-1。

其次,在图 4-1-2 所示窗口中,点击"窗体"栏中的"屏幕窗体",弹出图 4-1-3 所示窗口,

选择"K/S",按"确定",弹出图4-1-4所示窗口。在图4-1-4所示窗口中,按"K/S(吸光率)",弹出图4-1-5所示窗口。

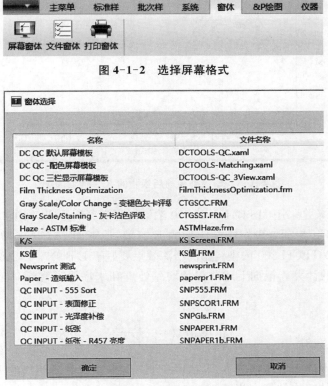

图 4-1-2　选择屏幕格式

图 4-1-3　选择"K/S"屏幕格式

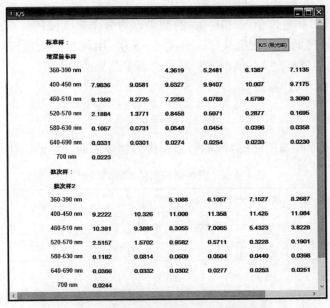

图 4-1-4　不同波长下的 *K/S* 值数据

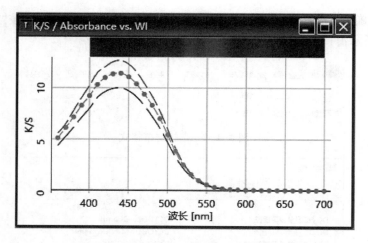

图 4-1-5　增深处理前后织物的 K/S 值曲线图

【注】最上面一条是采用 HS B-TECH 200 浓染树脂增深剂处理织物的 K/S 值,中间一条为采用 E-BONY BLACK 增深处理织物的织物的 K/S 值,最下面一条是未增深处理织物的 K/S 值。可以看出 HS B-TECH 200 浓染树脂的增深效果要好于 E-BONY BLACK 增深剂。

（4）浓度指数的计算。根据上述测得的增深处理和未增深处理织物的色深值 K/S,按下式计算浓度指数:

$$浓度指数 = \frac{(K/S)_A}{(K/S)_B} \times 100$$

式中:$(K/S)_A$ 为增深处理后织物的 K/S 值;$(K/S)_B$ 为未增深处理织物的 K/S 值。

以未增深处理的织物的浓度指数为 100 计。

2. 明度值、色度值和彩度值的测定

（1）明度值（L 值）和色度值（a 和 b 值）的测量。将分光光度仪调整至正常工作状态后,将待测增深处理和未处理的织物根据其厚薄叠成 4～8 层,用仪器的黑板压住试样,取不同部位织物测 4 次,计算每块试样的 L,a 和 b 值,取 4 次测量结果的平均值。

（2）彩度值（C 值）的计算公式:

$$C = (a^2 + b^2)^{\frac{1}{2}}$$

明度值为物体表面相对明暗的特性值,彩度值为物体表面颜色的浓淡值。

表 4-1-1　两种增深剂的增深效果对比

助剂	原布的 (K/S)值	增深处理织物的 (K/S)值	浓度指数	L	a	b	C
HS B-TECH 200 浓染树脂	10.00	12.648	126	68.49	33.39	75.82	82.85
E-BONY BLACK 增深剂	10.00	11.425	114	68.67	32.03	73.98	80.62

从表 4-1-1 可以看出,HS B-TECH 200 浓染树脂的浓度指数高,增深处理后织物颜色更

深;根据 a、b、C 值可以看出前者的色光偏向大于后者。

【复习指导】

1. 标准深度是以人的视觉为基准建立起来的。1/1、1/3、1/9 和 1/25 等代表不同的深度水平。标准深度在染料、助剂性能的评价中有非常重要的作用。

2. 库贝尔卡-蒙克函数(K/S 函数)是常用的颜色深度计算公式,也是计算机配色时配方计算的理论基础。该函数计算简单,计算的深度值与视觉之间的相关性基本可以接受,所以,常用于染料和助剂性能的评价。

3. 在深度计算公式中,高尔式的计算结果的连续性不好,通常多作为标准深度样卡制作的辅助手段。

【思考题】

1. 如何评价"颜色深度与织物中的染料含量成正比"这句话?

2. 简述 K/S 值的含义及计算。

3. 颜色深度在染整加工中有哪些实际应用?

4. 简述浓度指数的计算过程。

任务 4-2　匀染剂匀染效果的评定

【知识目标】

1. 掌握移染性、移染指数的概念及评定

2. 了解匀染剂匀染效果的计算机评定方法

【技能目标】

1. 能对移染处理织物进行 K/S 值的测定

2. 能利用测色仪进行匀染剂移染性的测试

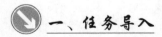　一、任务导入

浸染时,某些染料经常出现色花。为了解决这种现象,除了控制染色半制品的前处理质量和染色工艺条件等,还可以使用匀染剂来改善匀染效果。现有两种匀染剂,除了目测经匀染剂处理的两块色样的均匀程度以外,还可如何评定两者的匀染效果?

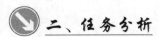　二、任务分析

匀染剂的匀染效果可以通过移染和缓染的途径达到。可以通过测定染料的上染速率曲线来评定染料上染的快慢,在不加匀染剂和加入匀染剂两种情况下进行对比,体现匀染剂的缓染效果。匀染剂的移染作用是在染色过程中使织物上分布不均匀的染料由高浓度向低浓度转

移,达到匀染的目的。本任务采用移染性的测试方法来评定匀染剂的匀染效果。

 三、相关知识链接

（一）移染的概念

移染是指上染到纤维的染料解析到溶液中,并重新上染到另一处纤维上的现象。

（二）移染性的测定

1. 移染指数

移染指数是指未经染色的织物（衬布）移染后的染料浓度与染色织物（原色布）移染后的染料浓度的比值:

$$移染指数 = \frac{沾色白布上的染料量}{原色布上残留的染料量} \times 100\%$$

根据任务 4-1 可知,染料浓度可间接地用织物的 K/S 值进行衡量,所以移染指数可间接地用下式计算:

$$移染指数 = \frac{沾色白布的\ K/S\ 值}{移染后色布的\ K/S\ 值} \times 100\%$$

（三）缓染的概念

缓染是指加入匀染剂后延缓染料上染速率,并降低染料上染率的现象。

（四）缓染性的测定

缓染指数是指加入匀染剂染色后织物上的染料浓度与不加匀染剂染色后织物上的染料浓度的比值,可用下式计算:

$$缓染指数 = \left(1 - \frac{加入匀染剂染色织物的\ K/S\ 值}{未加匀染剂染色织物的\ K/S\ 值}\right) \times 100\%$$

 四、任务实施

任务 4-2
匀染剂匀染
效果的测定

（一）材料、药品、仪器设备

材料:染色织物、白织物（与染色织物的规格相同）。

药品:分散剂、冰醋酸、匀染剂、分散染料。

仪器设备:高温红外线染色机、Datacolor SF 600 型分光光度仪、烧玻璃棒、温度计、电子天平。

（二）工艺处方

1. 移染工艺处方

匀染剂用量	2 g/L
分散剂用量	1 g/L
醋酸用量	1 g/L
浴比	1∶40

2. 缓染工艺处方

分散染料用量	1%
匀染剂用量	2 g/L
分散剂用量	1 g/L
醋酸用量	1 g/L
浴比	1∶40

（三）试样准备

1. 移染布样的制备

将分散染料染好的布样剪成几块相同大小的布块（5 cm×5 cm），另取相同规格、且与染样尺寸相同的白布，将色布和白布缝合在一起，投入有匀染剂的空白浴中，在容器密闭状态下，升温至 120 ℃保温 1 h，降温，取出试样，进行还原清洗后，水洗烘干（或室温下晾干）以备测量。

2. 缓染布样的制备

将准备好的 2 g 的布样分别投入加有匀染剂和未加匀染剂的染色浴中，在容器密闭状态下，升温至 120 ℃保温 1 h，降温，取出试样，进行还原清洗后，水洗、烘干（或室温下晾干）以备测量。

（四）缓染性和移染性的测试

1. 缓染性测试

（1）用分光光度仪测定加入匀染剂和未加匀染剂染色织物的反射率，并计算其 K/S 值，织物 K/S 值的测定见任务 4-1，结果如图 4-2-1、图 4-2-2 所示。

CopyOfDC QC 三栏显示屏幕模板

当前光源名称	标准样 CIE L	标准样 CIE a	标准样 CIE b=	标准样 CIE	标准样 CIE h	标准样最大吸收
D65 10 Deg	35.10	-6.25	-19.69	20.66	252.38	10.0220
A 10 Deg	32.65	-8.72	-23.58	25.14	249.70	10.0220
F02 10 Deg	32.17	-4.86	-24.83	25.30	258.92	10.0220

批次样名称	当前光源名称	CIE DL	CIE Da	CIE Db	CIE DC	CIE DH	CIE DE	CMC DE	批次样最大吸收波长
批次样1	D65 10 Deg	0.89	-0.61	1.27	-1.01	-0.99	1.67	1.19	9.2602
	A 10 Deg	0.98	-0.15	1.32	-1.18	-0.62	1.65	0.99	9.2602
	F02 10 Deg	1.00	-0.55	1.52	-1.37	-0.85	1.90	1.19	9.2602
批次样2	D65 10 Deg	2.71	-0.88	0.11	0.18	-0.87	2.86	1.72	8.3828
	A 10 Deg	2.65	-0.79	-0.06	0.34	-0.72	2.76	1.67	8.3828
	F02 10 Deg	2.68	-0.73	0.09	0.06	-0.73	2.78	1.71	8.3828

图 4-2-1　匀染剂处理前后织物的 K/S 值色度学数据

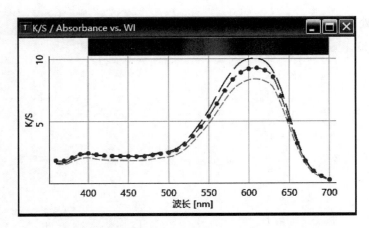

图 4-2-2　匀染剂处理前后织物的 K/S 值曲线

【注】最上面一条是未加匀染剂染色织物的 K/S 值曲线,中间一条是加入匀染剂 1 染色织物的 K/S 值曲线,最下面一条是加入匀染剂 2 染色织物的 K/S 值。可以看出匀染剂 2 的匀染效果好于匀染剂 1。

(2) 按下式计算缓染指数,结果见表 4-2-1:

$$缓染指数 = \left(1 - \frac{加入匀染剂染色织物的 K/S 值}{未加匀染剂染色织物的 K/S 值} \right) \times 100\%$$

表 4-2-1　两种匀染剂的缓染指数

助剂	织物的 K/S 值		缓染指数
	加匀染剂的色布	未加匀染剂的色布	
匀染剂 1	9.26	10.02	8%
匀染剂 2	8.38	10.02	17%

2. 移染性测试

(1) 用分光光度仪测定沾色白布和移染后色布的反射率,并计算其 K/S 值,织物 K/S 值的测定见任务 4-1,结果如图 4-2-3、图 4-2-4 所示。

T CopyOfDC QC 三栏显示屏幕模板						
当前光源名称	标准样 CIE L	标准样 CIE a	标准样 CIE b	标准样 CIE	标准样 CIE h	标准样最大吸收
▶ D65 10 Deg	44.48	58.80	-1.95	58.83	358.10	11.0540
A 10 Deg	51.88	56.72	12.99	58.19	12.90	11.0540
F02 10 Deg	43.58	44.97	-5.19	45.26	353.42	11.0540

批次样名称	当前光源名称	CIE DL	CIE Da	CIE Db	CIE DC	CIE DH	CIE DE	CMC DE	批次样最大吸收波†
▶ 批次样1	D65 10 Deg	29.01	-36.20	5.37	-35.98	6.72	46.70	19.60	0.5412
	A 10 Deg	24.47	-32.11	-4.62	-32.20	4.00	40.63	16.26	0.5412
	F02 10 Deg	30.42	-27.21	9.56	-26.98	10.19	41.92	19.56	0.5412

图 4-2-3　匀染剂 1 处理后织物和白布沾色织物的 K/S 值色度学数据

CopyOfDC QC 三栏显示屏幕模板						
当前光源名称	标准样 CIE L	标准样 CIE a	标准样 CIE b=	标准样 CIE	标准样 CIE h	标准样最大吸收
▶ D65 10 Deg	45.02	57.29	-2.32	57.34	357.68	9.8527
▶ A 10 Deg	52.19	55.50	12.15	56.81	12.34	9.8527
▶ F02 10 Deg	44.16	43.71	-5.34	44.04	353.04	9.8527

批次样名称	当前光源名称	CIE DL	CIE Da	CIE Db	CIE DC	CIE DH	CIE DE	CMC DE	批次样最大吸收波长
▶ 批次样3	D65 10 Deg	24.94	-23.90	-6.37	-22.84	-9.51	35.13	15.57	0.9243
▶	A 10 Deg	21.11	-23.36	-13.70	-24.64	-11.24	34.34	14.67	0.9243
▶	F02 10 Deg	26.13	-17.38	-3.66	-16.21	-7.26	31.60	15.09	0.9243

图 4-2-4　匀染剂 2 处理后织物和白布沾色织物的 K/S 值色度学数据

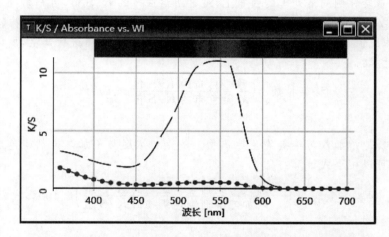

图 4-2-5　匀染剂 1 处理后织物和白布沾色织物的 K/S 值曲线图

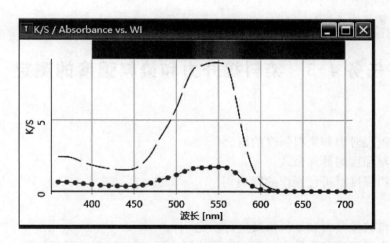

图 4-2-6　匀染剂 2 处理后织物和白布沾色织物的 K/S 值曲线图

（2）按下式计算移染指数，结果见表 4-2-2：

$$移染指数 = \frac{沾色白布的 K/S 值}{移染后色布的 K/S 值} \times 100\%$$

表 4-2-2　两种匀染剂的移染指数

助剂	织物的 K/S 值		移染指数
	白布	色布	
匀染剂 1	0.541	11.054	4.89%
匀染剂 2	0.924	9.852	9.37%

【复习指导】

1. 匀染剂通过缓染作用达到匀染效果,也可通过移染作用达到匀染效果。加入匀染剂后,染料会从色布转移到同浴处理的白布上,测量所沾白布的 K/S 值,可知匀染剂的移染性。

2. 移染指数是指未经染色的织物(衬布)在移染后的染料浓度与染色织物(色布)在移染后的染料浓度的比值。染料浓度的测量可间接地用织物的 K/S 值进行衡量,所以移染指数可间接地用下式计算:

$$移染指数 = \frac{移染白布的\ K/S\ 值}{移染色布的\ K/S\ 值} \times 100\%$$

3. 缓染指数是指加入匀染剂染色后织物上的染料浓度与不加匀染剂染色后织物上的染料浓度的比值,可以按下式计算:

$$缓染指数 = \left(1 - \frac{加入匀染剂染色织物的\ K/S\ 值}{未加匀染剂染色织物的\ K/S\ 值}\right) \times 100\%$$

【思考题】

1. 何谓移染指数?

2. 如何计算移染指数?

任务 4-3　染料提升力和染料强度的测定

【知识目标】

1. 了解染料提升力和染料强度的概念

2. 掌握染料强度的计算公式

3. 了解染料强度对拼色操作的影响

【技能目标】

1. 能对染料的提升力和染料强度进行测定

2. 可根据染料强度和提升力的测试结果选择染料、匹配染料及调整染色工艺

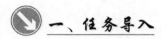 一、任务导入

企业人员打小样时,采用同一厂家、同一品种的染料,按照同一处方进行染色,染出的试样

和前一段时间染出的试样的颜色相差很大,甚至色相上有很大的偏差。这是什么原因呢?

二、任务分析

这要求我们对染料的提升力和染色强度进行测试,应该如何测量? 为了完成该任务,需学习下面的相关知识:

(1) 染料的提升力和强度的概念;

(2) 染料强度的计算方法;

(3) 染料的提升力和力份的测量。

三、相关知识链接

(一)染料的提升力

染料提升力是一个定性的指标,是指随着染料用量增加,染得的织物颜色深度增加的趋势。提升力不仅取决于染料的结构,也与纤维的结构有关。不同纤维的染色提升力不同,一般来说,在一定浓度范围内,纤维线密度越低,染色提升力越高。有些染料在染色时,随着染色浓度(染料用量)的提高,染料利用率逐渐降低,即在较高的染色浓度下,染色物深度的增加趋势减小,甚至不再加深。提升力曲线是以染料用量为横坐标、表面色深值为纵坐标而绘成的曲线,可以直观地反映染料用量和纤维上表面色深的关系,表示染料的染深性能,见表 4-3-1 和图 4-3-1。

表 4-3-1 汽巴公司两种活性红染料的提升力

染料用量/%(owf)		0.1	0.5	1.0	2.0	3.0
K/S 值	活性红 1	0.480 9	1.596 6	3.246 5	5.658 3	7.923 9
	活性红 2	0.601 8	3.018 8	4.898 2	10.671	14.819

结果表明,随着染料浓度的增加,不同染料的表面深度的增加不同,表示染料提升力有差异。图 4-3-1 中的曲线表明活性红 2 的提升力优于活性红 1。

(二)染料强度的评价

染料强度也称染料力份,是一个半定量指标,是必不可少的染料质量指标。染料绝对强度指染到标准深度所需的用量。所需的用量越低,强度越高。测试时由于实验室条件不同,难免会产生操作误差,使得出现不同的测试

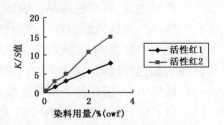

图 4-3-1 汽巴公司两种活性红染料的提升力曲线

结果。因此,印染和染料行业习惯上采用染料的相对强度。染料相对强度表示批次染料赋予被染物颜色的能力相对于标准染料赋予染物颜色的能力的比值,是一个相对概念,表示批次染料相对于标准染料的着色能力,用百分数表示。通常有两种表示方法:一种是染到标准深度时所需的批次染料用量与标准染料用量之比;另一种是样品与标准染料分别以同等浓度染得的

染色物的深度比。第一种表示方法的测试比较麻烦,需多次染色才能达到同一深度,因此普遍采用第二种。印染厂必须自行检验每批购入染料的力份。

(三) 染料强度的计算

1. 溶液比色法

如果各批商品染料之间的强度差异仅仅由于有效成分含量不同所致,则强度实际上为纯度,可由溶液比色法确定:

$$相对强度 = \frac{E_{sp}/C_{sp}}{E_{std}/C_{std}} \times 100\% \tag{4-3-1}$$

式中:E 为最大吸收波长下的光密度;C 为浓度;下标 sp 表示样品染料,std 表示标准染料。

严格地讲,溶液比色法并不符合强度的定义,因为它既忽略了染色过程,也忽略了染料在纤维上的光学特性。

2. 仪器测定和计算

染料强度的测定除采用常规的染色比较法之外,还可利用分光光度仪进行测定,应先染制织物,再经仪器测定颜色深度,并按照式(4-3-2)计算。深度的计算习惯上采用 K/S 值,这样可避免不同实验室因测试过程中的种种差别而得出不同的结果。利用 K/S 值计算染料强度的公式如下:

$$染料强度 = \frac{(K/S)_{试样}/C_{试样}}{(K/S)_{标样}/C_{标样}} \times 100\% \tag{4-3-2}$$

式中:$K/S = \frac{[1-\rho(\lambda)]^2}{2\rho(\lambda)}$,$\rho(\lambda)$ 为不透明着色样的分光反射率,计算时选取最大吸收波长下的反射率值,即最小的 $\rho(\lambda)$ 值;C 为着色浓度。

如果试样用与标准样相同的着色浓度着色,所得颜色深度相等,那么该试样的相对强度即为 100%。若深度比标准样浅,则强度低于 100%;反之则高于 100%。

严格地讲,将染色样品的表面色深值减去所用白织物的表面色深值,才能真正反映出染料在织物上产生的表面深度。但白织物的色深值仅为正常表面深度的 0.1%~0.5%,远远小于打样过程中的误差。所以,为简化操作,直接用表面色深值表示。在白织物的白度不高或染色样品的颜色较浅时,需要考虑白织物的影响。

使用 K/S 值评价染料强度应该注意以下内容:

(1) 对于具有两个或两个以上吸收峰的复合染料或者没有明显最大吸收波长的灰色、棕色等暗色染料,均难以取得可靠结果。

(2) 若试样和标准样的最大吸收波长有偏差或者两者的反射光谱吸收带的波长宽度不同,此法均不适用。

(3) 对于同色异谱的标准样和试样,不能使用这种方法。

(4) 可选取的染料用量既不要太少也不要太多,因为颜色太浅时,染色过程中产生的误差会对染料强度结果有较大的影响;颜色太深时,K/S 值函数与浓度之间的线性关系越差,直线的斜率越小,结果的准确性越低。

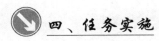四、任务实施

(一) 染料力份的测定

1. 校正仪器

详见任务 2-1。

2. 分光光度仪测定法

用分光光度仪测定标准染料和批次染料在相同浓度、相同染色条件下染色的织物在特定波长下的反射率,然后通过公式计算 K/S 值。标准染料染色织物作为标准样,批次染料染色织物作为批次样,色度学数据测量结果见图 4-3-2 所示。织物 K/S 值的测定见任务 4-1,K/S 值曲线如图 4-3-3 所示。

CopyOfDC QC 三栏显示屏幕模板

	当前光源名称	标准样 CIE L	标准样 CIE a	标准样 CIE b	标准样 CIE	标准样 CIE h	标准样最大吸收
▶	D65 10 Deg	45.02	57.29	-2.32	57.34	357.68	9.8527
▷	A 10 Deg	52.19	55.50	12.15	56.81	12.34	9.8527
▷	F02 10 Deg	44.16	43.71	-5.34	44.04	353.04	9.8527

	批次样名称	当前光源名称	CIE DL	CIE Da	CIE Db	CIE DC	CIE DH	CIE DE	CMC DE	批次样最大吸收波长
▶	批次样1	D65 10 Deg	1.19	0.17	-0.82	0.21	-0.81	1.45	0.72	9.0518
▷		A 10 Deg	1.13	-0.03	-0.90	-0.22	-0.87	1.44	0.72	9.0518
▷		F02 10 Deg	1.30	0.30	-0.64	0.38	-0.59	1.48	0.74	9.0518

图 4-3-2 　标准染料和批次染料染色织物的色度学数据

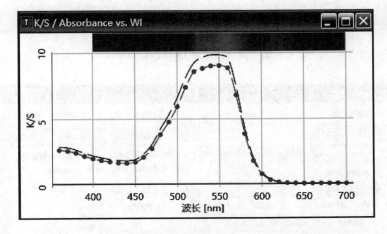

图 4-3-3 　标准染料和批次染料染色织物的 K/S 值曲线

3. 力份计算与测量

在图 4-3-4 所示窗口中点击“窗体”菜单中的“屏幕窗体”,弹出图 4-3-5 所示窗口,选择“QC 输入-力度”,按“确定”,弹出图 4-3-6 所示窗口。按照式(4-3-2)计算染料力份,批次染料的得色比标准染料淡,批次染料力份为 91.87%。

图 4-3-4 选择屏幕格式

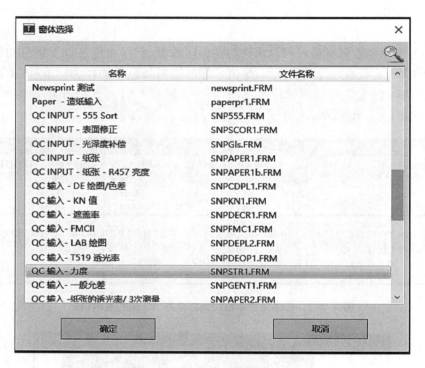

图 4-3-5 选择 QC 输入-力度

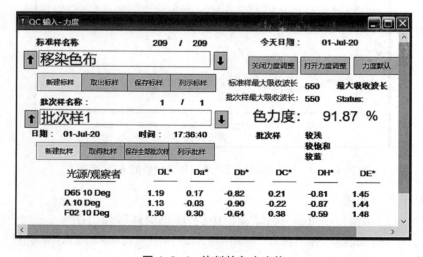

图 4-3-6 染料的色力度值

(二) 染料提升力的测定

对活性金黄 R-4RFN 与活性藏青 BF 的提升能力进行比较时,可以分别用两种染料按照常规工艺进行染色,染料用量为 0.1%(owf)、0.3%(owf)、0.5%(owf)、1.5%(owf)、2.5%(owf),然后分别测试所染试样的 K/S 值,其数据见表 4-3-2。

表 4-3-2 活性金黄 R-4RFN 与活性藏青 BF 的提升力对比

染料用量/%(owf)		0.1	0.3	0.5	1.5	2.5
K/S 值	活性金黄 R-4RFN	0.619 2	1.632 1	2.870 5	8.702 6	11.889 0
	活性藏青 BF	0.819 7	2.076 8	3.455 2	11.410 0	14.863 0

表 4-3-2 中的数据表明,随着染料用量的增加,不同染料的染色深度增加值不同。为了更明显地显示活性金黄 R-4RFN 与活性藏青 BF 的提升力差异,以染料浓度为横坐标,以所染试样的 K/S 值为纵坐标,绘制提升力曲线,如图 4-3-7 所示。

由图 4-3-7 可以看出,在相同的染料用量下,活性藏青 BF 所染试样的 K/S 值比活性金黄 R-4RFN 所染试样高,而随着染料用量的增加,活性藏青 BF 所染试样的 K/S 值增加幅度大于活性金黄 R-4RFN 所染试样,说明活性藏青 BF 的提升力相对较高。

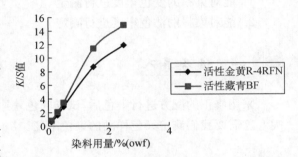

图 4-3-7 活性金黄 R-4RFN 与活性藏青
BF 的提升力曲线

【复习指导】

1. 染料提升力是一个定性的指标,是指随着染料用量增加,染得的织物颜色深度的增加趋势大小。可用不同染色浓度下的织物 K/S 值和染色浓度的关系曲线进行衡量。

2. 染料强度也称染料力份,是一个半定量指标,是必不可少的染料质量指标。染料绝对强度是指染到标准深度所需的用量,所需的用量越低,强度越高。测试时由于实验室条件不同,难免会产生操作误差,导致测试结果不同。因此,印染和染料行业习惯采用染料的相对强度。染料相对强度表示批次染料赋予被染物颜色的能力相对于标准染料赋予被染物颜色的能力的比值,是一个相对概念,表示批次染料相对于标准染料的着色能力,用百分数表示。

3. 染料的强度可以按照下述公式计算:

$$染料强度 = \frac{(K/S)_{试样}/C_{试样}}{(K/S)_{标样}/C_{标样}} \times 100\%$$

【思考题】

1. 如何根据染料的力份和提升力参数调整染色工艺?

2. 何谓染料强度? 染料强度如何计算?

3. 何谓染料的提升力性能? 如何衡量?

任务 4-4　染色牢度的评定

【知识目标】
1. 了解染料的变色牢度和沾色牢度的计算
2. 掌握染色牢度的评价方法及注意事项

【技能目标】
1. 能对染料的变色牢度进行测定
2. 能对染料的沾色牢度进行测定

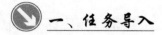 一、任务导入

采用修正的配方进行染色后,试样的色差达到了客户的要求,牢度是否能达到客户的要求呢? 这需要我们测定染色样品的染色牢度。

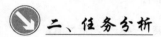 二、任务分析

色牢度的类别包括多种,常用皂洗牢度、摩擦牢度和日晒牢度。不管哪种牢度,都需要对经过外界条件处理的色样与未处理色样间的色差进行视觉评价,为此需做如下工作:
(1) 掌握染色牢度的概念及评价指标;
(2) 了解牢度评价的方法;
(3) 掌握牢度评价的注意事项;
(4) 能对变色灰色级别和沾色灰色级别进行评价。

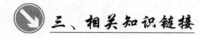 三、相关知识链接

(一) 染色牢度的概念及评价指标

颜色牢度是指有色产品的颜色抵抗不同处理方式而不变色的能力。色牢度是印染产品的重要质量指标之一,通常用两项指标表示(耐光色牢度除外),变色级数表示原样的颜色经处理后的明度(深浅)、饱和度(艳度)和色相(色光)的变化程度;沾色级数表示处理过程中原样对相邻织物的沾污程度。

(二) 评价染色牢度的注意事项

评价色牢度时,应该将染料在纺织品上染成相同的深度,因为对于同一种染料,染色深度不同,测出的色牢度也不相同。例如,测定染料的摩擦牢度,染色样越浅,牢度越好;而对于日

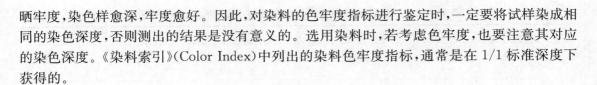

晒牢度,染色样愈深,牢度愈好。因此,对染料的色牢度指标进行鉴定时,一定要将试样染成相同的染色深度,否则测出的结果是没有意义的。选用染料时,若考虑色牢度,也要注意其对应的染色深度。《染料索引》(Color Index)中列出的染料色牢度指标,通常是在1/1标准深度下获得的。

(三) 评价方法

1. 目测评价——灰色样卡评级

传统的评价牢度的方法以目测方式进行。目测的方法是将被测样品实验前后的颜色差异与事先确定的不同级差的灰色样卡对照,确定相应的牢度级别。对经过处理与未处理的色样间的色差进行视觉评价,即用变色和沾色灰卡以及标准光源箱,在指定的标准光源条件下,对纺织品的颜色变化、沾色变化进行评级。常用的灰卡有 ISO 和 AATCC 变色和沾色灰卡。这是一项十分困难的工作,除了必须有适宜的环境、符合要求的光源外,还要求评级人员的视力正常,而且经过严格训练,有丰富的辨色经验。因此,目测评级易受主客观因素的影响。

2. 仪器测色评级

颜色测量技术的发展,为色牢度评级提供了客观科学的新手段。仪器评级可以避免目测评级中难以克服的人为因素的影响,并减少误判,为有争议的仲裁分析提供客观公正的依据。

国际标准化组织(ISO)在近 10 年的研究基础上发布了 ISO 105—A04《纺织品色牢度试验——贴衬织物沾色程度的仪器评级法》以及 ISO 105—A05《纺织品色牢度试验——试样变色程度的仪器评级方法》。我国完全等效地采用了这两项国际标准。经大量的试验证明,对于沾色,仪器评级与人工评级的符合率接近 100%(包括半级允许误差);对于变色,由于级数较高时两块样品之间的色差较小,人工测评的准确度和分档相差较大,因此符合率在 85%左右。

(四) 仪器评价计算

1. 变色的仪器评级

用仪器进行染色纺织品牢度评级的过程如下:首先,对需要评价牢度的纺织品,按相关标准规定的条件对试样进行处理;然后用测色仪器对处理前后的试样进行测色,并用选定的色差公式计算处理前后的总色差;再根据计算的色差值查相应的色差与牢度级别对照表,确定被测样品的级别。值得注意的是,使用的色差公式不同,其色差值转换的级别不同。CIE 1976 LAB、CMC(2:1)、JPC 79 和 ISO 色差公式与牢度级别的关系见表 4-4-1～4-4-4。

表 4-4-1　CIE 1976 LAB 色差式的总色差值与牢度级别之间的关系

总色差(ΔE)	牢度级别	总色差(ΔE)	牢度级别
≤13.6	1	≤3.0	3-4
≤11.6	1-2	≤2.1	4
≤8.2	2	≤1.3	4-5
≤5.6	2-3	≤0.4	5
≤4.1	3	—	

表 4-4-2　CMC(2∶1)色差式的总色差值与牢度级别之间的关系

总色差(ΔE)	牢度级别	总色差(ΔE)	牢度级别
>11.85	1	2.16～3.05	3-4
8.41～11.85	1-2	1.27～2.15	4
5.96～8.40	2	0.20～1.26	4-5
4.21～5.95	2-3	<0.20	5
3.06～4.20	3	—	—

表 4-4-3　JPC 79 色差式的总色差值与牢度级别之间的关系

总色差(ΔE)	牢度级别	总色差(ΔE)	牢度级别
>11.83	1	2.14～3.00	3-4
8.37～11.82	1-2	1.27～2.13	4
5.92～8.36	2	0.20～1.26	4-5
4.9～5.91	2-3	<0.20	5
3.01～4.89	3	—	—

表 4-4-4　ISO 色差式的总色差值与牢度级别之间的关系

总色差(ΔE_F)	牢度级别	总色差(ΔE_F)	牢度级别
<0.4	5	4.10～5.79	2-3
0.4～1.24	4-5	5.80～8.19	2
1.25～2.09	4	8.20～11.59	1-2
2.10～2.94	3-4	≥11.60	1
2.95～4.09	3	—	—

（1）变色灰卡级数计算　1992 年,中国计量院和原纺织部标准研究所联合起草了新的变色和沾色仪器评价方法和新的标准。对经过色牢度试验的试样和未经处理的原织物分别进行测量,计算 L_{ab}^*、C_{ab}^* 和 H_{ab}^* 及 ΔL^*、ΔC_{ab}^* 和 ΔH_{ab}^*,再用式(4-4-1)转换成相应的变色灰卡级数:

$$\Delta E_F = \left[(\Delta L^*)^2 + (\Delta C_F)^2 + (\Delta H_F)^2\right]^{\frac{1}{2}} \tag{4-4-1}$$

$$\Delta C_F = \frac{\Delta C_K}{1 + \left(\frac{20C_N}{1\,000}\right)^2}; \quad \Delta H_F = \frac{\Delta H_K}{1 + \left(\frac{10C_N}{1\,000}\right)^2}$$

式中:ΔE_F 为总色差;ΔC_F 为 ISO 饱和度差;ΔH_F 为 ISO 色相差;$\Delta H_K = \Delta H_{ab}^* - D$;$\Delta C_K = \Delta C_{ab}^* - D$;$D = \Delta C_{ab}^* C_N e^{-x}/100$;$C_N = \dfrac{C_{abr} + C_{abo}}{2}$。

若 $|H_{abr} - H_{abo}| \leqslant 180$,$H_N = \dfrac{H_{abr} + H_{abo}}{2}$

若 $|H_{abr} - H_{abo}| > 180$ 或 $|H_{abr} + H_{abo}| < 360$,$H_N = \dfrac{H_{abr} + H_{abo}}{2} + 180$

若 $|H_{abr} - H_{abo}| > 180$ 或 $|H_{abr} + H_{abo}| \geqslant 360$,$H_N = \dfrac{H_{abr} + H_{abo}}{2} - 180$

若 $|H_N - 280| \leqslant 180$,则 $x = \left(\dfrac{H_N - 280}{30}\right)^2$

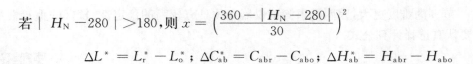

$$\text{若} \mid H_N - 280 \mid > 180,\text{则} \ x = \left(\frac{360 - \mid H_N - 280 \mid}{30}\right)^2$$

$$\Delta L^* = L_r^* - L_o^* ; \quad \Delta C_{ab}^* = C_{abr} - C_{abo} ; \quad \Delta H_{ab}^* = H_{abr} - H_{abo}$$

式中：L_r^*、C_{abr}、H_{abr} 为经过处理的试样的明度、彩度和色调；L_o^*、C_{abo}、H_{abo} 为原样品的明度、彩度和色调；ΔL^*、ΔC_{ab}^*、ΔH_{ab}^* 为经过处理的试样和原样品的明度差、饱和度差和色调差。

根据 ΔE_F 的大小，参照表 4-4-4 评定牢度级别。

除查表方法外，还包括有级数的函数计算：

$$\begin{aligned} \text{当} \ \Delta E_F \leqslant 3.4 \ \text{时}, &\qquad GS = 5 - \frac{\Delta E_F}{1.7} \\[1em] \text{当} \ \Delta E_F > 3.4 \ \text{时}, &\qquad GS = 5 - \frac{\lg \dfrac{\Delta E_F}{0.85}}{\lg 2} \end{aligned} \right\} \tag{4-4-2}$$

(2) 几点说明

① CIE LAB 色差值并非与其目测结果存在一致性。由于缺乏均匀色空间以及目测评定与仪器色差测量值之间极低的相关性，需进行修正。

② 用 CMC 色差公式对 CIE LAB 值进行修正，ΔE_{CMC} 更接近均匀颜色空间内样品与标准样之间的色差。这个色差值范围采用一个椭圆球体，也依据相互间达成协议的限定来修正。通常，该椭圆球体表面边界线是 1.0 个 ΔE_{CMC} 单位，这个椭圆球体成为样品可接受的测量单位。

③ 在实际应用中，虽然目光评定比较简单，但由于目测色差难以定量描述，美国及欧洲客户趋向于用仪器代替目光评定，大多用 CMC(2∶1) 色差公式计算样品与标准样的色差。

2. 沾色的仪器评级

分别测量色牢度试验中与受试织物相接触的贴衬织物和空白试验中的贴衬织物，由 CIE LAB 色差公式计算 ΔE 和 ΔL，并用式(4-4-3)转换为沾色级数；

$$\Delta E_{GS} = \Delta E - 0.4 (\Delta E^2 - \Delta L^2)^{1/2} \tag{4-4-3}$$

若沾色级数(SSR)为 1～4 级，$SSR = 6.1 - 1.45 \ln(\Delta E_{GS})$；若沾色级数大于 4 级，$SSR = 50.23 \Delta E_{GS}$。根据表 4-4-5 给出最后的沾色牢度级数。

表 4-4-5 　沾色牢度级数评定

SSR 值	沾色牢度级别	SSR 值	沾色牢度级别
4.75～5.00	5	2.25～2.74	2-3
4.25～4.74	4-5	1.75～2.24	2
3.75～4.24	4	1.25～1.74	1-2
3.25～3.74	3-4	<1.25	1
2.75～3.24	3	—	—

用仪器评价变色牢度和沾色牢度的难易程度不同。通常，沾色牢度与目测评级具有较好的一致性，因为沾色后的贴衬织物与白布之间的色差较大，而且样品的明度较高，所以仪器评级比较方便。而变色牢度则相对困难，因为被评价样品的色差较小，特别是深色低明度的样

品,3~4级这一范围的难度更大,因而要求测试仪器必须具有较高的稳定性、较好的重复性和准确性,同时要认真选择计算公式。

四、任务实施

任务4-4
染色牢度
的测试

(一)变色的仪器评级

1.测量处理织物和未处理织物的色差,见图4-4-1(见任务3-1)。

当前光源名称	标准样 CIE L	标准样 CIE a	标准样 CIE b	=标准样 CIE	标准样 CIE h	标准样最大吸收
D65 10 Deg	45.02	57.29	-2.32	57.34	357.68	9.8527
A 10 Deg	52.19	55.50	12.15	56.81	12.34	9.8527
F02 10 Deg	44.16	43.71	-5.34	44.04	353.04	9.8527

批次样名称	当前光源名称	CIE DL	CIE Da	CIE Db	CIE DC	CIE DH	CIE DE	CMC DE	批次样最大吸收波长
批次样1	D65 10 Deg	1.19	0.17	-0.82	0.21	-0.81	1.45	0.72	9.0518
	A 10 Deg	1.13	-0.03	-0.90	-0.22	-0.87	1.44	0.72	9.0518
	F02 10 Deg	1.30	0.30	-0.64	0.38	-0.59	1.48	0.74	9.0518

图4-4-1 皂洗牢度测试前后织物的色度学数据

2.点击"窗体"菜单中的"屏幕窗体",弹出图4-4-2所示窗口,选择"变褪色灰卡评级",按"确定"按钮,弹出图4-4-3所示窗口,批次样和标准样的GS评级数值为4.21,GS评级级别为4级。

图4-4-2 变褪色窗体选择

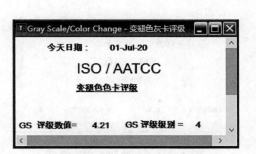

图 4-4-3　织物变褪色评级

（二）沾色的仪器评级

1. 测量沾色白织物和未沾色处理的白织物的色差，见图 4-4-4（见任务 3-1）。

	当前光源名称	标准样 CIE L	标准样 CIE a	标准样 CIE b	标准样 CIE	标准样 CIE h	标准样最大吸收
▶	D65 10 Deg	93.19	0.21	2.54	2.55	85.18	0.0318
▶	A 10 Deg	93.39	0.86	2.67	2.81	72.19	0.0318
▶	F02 10 Deg	93.33	0.16	2.89	2.90	86.91	0.0318

批次样名称	当前光源名称	CIE DL	CIE Da	CIE Db	CIE DC	CIE DH	CIE DE	CMC DE	批次样最大吸收波
▶ 批次样1	D65 10 Deg	-22.87	32.36	-10.98	31.10	-14.17	41.12	44.20	0.2441
	A 10 Deg	-19.81	30.55	-4.15	28.64	-11.42	36.65	39.19	0.2441
	F02 10 Deg	-22.67	25.51	-11.58	24.20	-14.12	36.04	35.99	0.2441

图 4-4-4　沾色白织物和未沾色白织物的色度学数据

2. 点击"窗体"菜单中的"屏幕窗体"，弹出图 4-4-5 所示窗口，选择"灰卡沾色评级"，按"确定"按钮，弹出图 4-4-6 所示窗口，批次样和标准样的灰卡评级数值为 1.30，GS 评级级别 1-2 级。

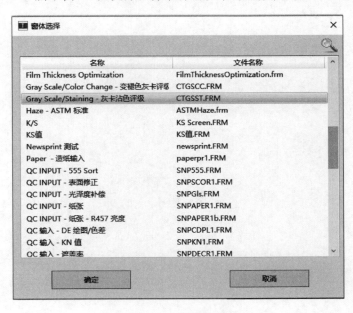

图 4-4-5　沾色窗体选择

图 4-4-6　织物沾色牢度评级

【复习指导】

　　1. 纺织品色牢度的评价方法包括目测评价与仪器评价两种方法。目测评价易受主客观因素的影响,因此,用仪器测量并评价染色牢度是急需解决的问题。

　　2. 用仪器进行色牢度的评价时,值得注意的是使用的色差公式不同,其色差值转换的级别不同。

【思考题】

　　1. 评价牢度的方法有哪些?

　　2. 简述仪器评价牢度的操作步骤。

　　3. 牢度测色通常包括哪两项指标? 如何评定?

项目 5　计算机配色

┌─ 项目综述 ─

　　通过"教、学、做"一体化，使学生了解计算机配色的方式和原理，掌握基础数据库的制备原则、影响制备有效性的重要因素以及实现计算机配色的条件，能熟练进行基础数据库制备及计算机配色操作，掌握操作过程中的注意点、配方的求取原则及配方的修正操作。

└─────────────────────────────────────

　　计算机配色操作过程(图 5-0)如下：

　　第一步：将标准样(布样或者数据)进行测色，利用基础数据库，通过计算机进行计算，得到若干理论预报配方，根据色差或同色异谱指数的要求，从中选取适宜的配方。

　　第二步：利用母液调制机和自动滴液机，滴出所需要的染液。

　　第三步：按照染色工艺进行打样。

　　第四步：将按预报配方染得的样品进行测量并与标准样对比，计算两者之间的色差。如果色差在可接受范围内，则可以向客户交货；如果色差不符合要求，但偏差不大，可凭经验对配方略加调整，修正较快；若偏差较大，需要调整的染料量较多，则采用配方修正程序对未达标的试样做进一步的修正，尽量减少与标准样之间的色差，得到修正配方，继续打小样，直到符合客户的要求。

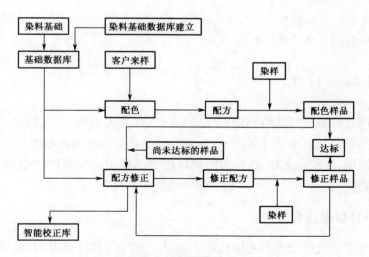

图 5-0　配色操作过程

119

任务 5-1　计算机配色基础数据库的建立

【知识目标】
1. 掌握基础数据库的制备原则
2. 掌握基础数据库的检验方法
3. 掌握提高基础数据库制备有效性的途径

【技能目标】
1. 能够利用配色软件进行基础数据库的建立
2. 能对基础数据库正确与否进行检验

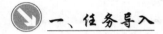

一、任务导入

某印染厂为了提高打样速度、缩短交货期，也为了使颜色评价工作与国际市场接轨，购买了 Datacolor 测色配色仪，但只有测色仪器和测配色软件，能否进行颜色的配色操作呢？

二、任务分析

从配色操作过程中可以得知，配色的首要任务是进行基础数据库的建立，为此需了解以下内容：
（1）如何建立纤维基材数据？
（2）如何建立染料基础数据？
（3）如何建立染色程序？
（4）如何建立基础色样数据库？
（5）如何检验基础色样的准确性？

三、相关知识链接

印染企业利用计算机进行颜色测量和配方预测已有一定市场，在其他领域的应用也越来越广泛。配色效果的好坏取决于很多因素，最重要的是建立的基础数据库是否正确、完整。建立正确的基础数据库，要求在基础试样制作、试样测定及数据存储阶段严格遵循操作要求，合理运用已有的经验。

（一）纤维基材数据的建立

纤维基材指的是经过前处理但未染色的半制品。对于每种纤维基材，要求从大生产线上的待染布中取样，对其中一部分直接测定后将数据存入电脑，另一部分用于制作基础色样。材质相同、组织结构不同的织物或材质和组织结构相同而前处理过程不同的织物等，应视为不同

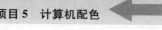

种类。

染色用的白织物,对光线有一定程度的吸收,反射率不可能达到100%。合成纤维的反射率较高,能达到80%~90%。天然纤维则低些,尤其在黄色波段(400~440 nm)。因此,染出的基础色样的颜色由织物本身的颜色和染料的颜色两部分组成,即:

$$染出的基础色样的 K/S 值 = 空白织物的 K/S 值 + 纯染料的 K/S 值$$

由此看出,空白织物的颜色应该包含除染料之外的所有颜色。空白染色得到的织物称为空白织物,即不加染料,仅使用助剂溶液,对用于数据库建立的织物,以同样的染色条件进行处理,留样待用。

同一个染料基础数据库中的各种染料,应该使用同一批织物进行染色,尤其在一段时间后向该数据库中增加新的染料品种时,更要注意这一点。

(二)染色程序的建立

1. 染色工艺

在制备基础数据前,需将打样过程中的每一道工艺、助剂用量等进行规范整理,制定统一的打样方法,需要确定的打样参数包括浸染的温度、时间和浴比等或轧染的浸轧次数、轧液率、汽蒸温度和汽蒸时间、焙烘温度和焙烘时间等。

2. 助剂

在染色过程中的不同阶段,需要加入起不同作用的助剂,如匀染剂、促染剂、缓染剂、还原剂、氧化剂、固色剂和柔软剂等。多数助剂对染料的上染有一定的影响。因此,在制备基础数据时,应按照化验室小样染色时所添加的助剂的品种、用量和方式进行操作,并尽量与大车生产工艺相接近。

对于某些染料,采用不同浓度的染浴染色时,助剂的加入量不同。如果助剂用量的变化对染料的上染量有影响,制备基础数据时需做特殊的处理。较为典型的是活性染料浸染,染浴中盐和碱剂的用量直接影响活性染料的上染量和固色率。例如同一染色配方,加30%的盐所染的颜色比加10%的盐时深得多;浅、中、深色的固色条件,即加碱量也不同。若按常规方法制备基础数据,绘出的上染曲线可能出现不平滑的跳跃。这时,可根据加盐和加碱量的不同,分别制备浅、中、深色三套染料基础数据。例如:

染料总用量1%以下为浅色库,加盐量20%,加碱量10%;

染料总用量在1%~3%之间为中色库,加盐量40%,加碱量20%;

染料总用量在3%~8%之间为深色库,加盐量60%,加碱量30%。

浅、中、深色的区分界限及加盐和加碱量,视各厂具体工艺或习惯不同而定,上述仅为理论参考值。注意,中色和深色必须从最浅的浓度起染。因为在一个总量为深色的拼色配方中,有的染料组分的用量有时候很小,但该染料却是在多盐和多碱的条件下进行染色的。

采用还原染料染色时,保险粉、碱的用量随着染色浓度的增加而增加,其目的是保证染料充分还原,对染料的上染量没有影响。还有些染料,染色时的助剂用量不随染色浓度的变化而变化。这些和活性染料不同,只需做一套基础数据。

(三)染料数据的建立

除冰染料外,分散染料、还原染料、活性染料、直接染料、酸性染料、硫化染料、阳离子染料、酸性染料、涂料等,都可以使用计算机配色。

1. 染料选用

应考虑染化料的性能是否一致,如拼色染料的相容性、匀染性、色牢度、力份及色域等,根据常用次序做好筛选和编组工作。选用染料时还应考虑以下内容:

(1)用于制作基础数据库的染料品种应尽可能多一些,有利于配色时有较大的选择余地,从而能得到满意的配色效果。

(2)为了保证配色准确,各批染料的色光、强度和染色性能,必须严格均匀一致。而实际生产中,这很难做到。所以,变换染料批次后应进行力份实验。新批号的染料力份与电脑所存的同牌号的染料相差不大时,可视两者为同种,否则应对新批号染料重新建立基础数据。

(3)避免使用色相、光头近似的重复品种,如色相相同,则要带明显的光头(如红光、黄光等)。色谱要有鲜艳色,也要有暗色(如灰、棕、橄榄、酱等色)。色谱中至少包括三原色,即绿光黄、蓝光艳红、绿光艳蓝等。

(4)不同深浅染样的 K/S 值与染色浓度之间要有良好的线性关系。

鉴于计算机配色的特点,应对厂里在使用的染料进行筛选,对同一类染料或同一品种染料,要有相对固定的供应厂家。

2. 资料准备

制备基础数据前,应搜集并核实表 5-1-1 中列出的资料和数据,并留存备用。

表 5-1-1 染料信息表

染料编号	染料名称	生产厂家	力份/%	最大使用浓度/%	价格/元·kg⁻¹
...					
...					
...					

(1)染料编号。染料编号一般写三位数字,例如:101,102,…。同一个基础数据库中,编号的第一位数字最好相同。

(2)输入染料名称及生产厂家。

(3)输入单色染料的最大使用浓度,以便于划分染料染色单色样的浓度梯度。

(4)染料的力份和价格。完成染料编号后将其力份和单价输入计算机,以便进行成本核算。单价以"kg"为单位计量,染料的价格记为"元/kg"。

(四)色样基础数据库的建立

1. 染单色样

为了建立配色用的库存染料的基础数据库,首先将在使用的各种单色染料按不同浓度由浅至深地分为数档进行染色,制成几套基础色样,其覆盖范围应略超过单色染料的最大使用浓度。基础色样的染制准确与否,直接影响配色精度。

(1)染料浓度分档方法 所用染色浓度的档次划分,应根据各染料和各企业的实际情况而定,一般选用 6~12 个不同浓度(表 5-1-2 和表 5-1-3)。首先确定每种染料日常拼色时的最大使用浓度(第 11 档),然后在表 5-1-2 和表 5-1-3 中选择相应的浓度进行打样。若单色染料的最大使用浓度为 c,其各档(1~12)染色浓度与最大浓度的关系基本上为 $0.01c$、$0.03c$、

0.05c、0.1c、0.2c、0.3c、0.4c、0.5c、0.6c、0.8c、1.0c、1.1c。为提高浅色或某一染料组分用量较低时的配色准确度,前面的几个浓度还用于建立该染料的浅色数据库,所以前5个点的染色浓度不宜过高,应在上述推荐比例系数的基础上适当调整。

表5-1-2　浸染工艺打样浓度分档

项目	浓度	1	2	3	4	5	6	7	8	9	10	11	12
一	%	0.01	0.03	0.05	0.1	0.2	0.3	0.4	0.5	0.6	0.8	1.0	1.1
二	%	0.02	0.05	0.10	0.2	0.4	0.6	0.8	1.0	1.3	1.6	2.0	2.2
三	%	0.03	0.10	0.10	0.3	0.6	1	1.5	2.0	2.5	3.0	3.5
四	%	0.04	0.10	0.20	0.4	0.5	1.0	1.5	2.0	2.5	3.0	4.0	4.5
五	%	0.05	0.10	0.20	0.4	0.6	1.0	1.5	2.0	3.0	4.0	5.0	5.5
六	%	0.06	0.20	0.40	0.6	0.6	1.0	2.0	3.0	4.0	5.0	6.0	7.0
七	%	0.07	0.20	0.40	0.6	0.8	1.0	2.0	3.0	4.0	5.5	7.0	8.0
八	%	0.08	0.20	0.40	0.6	0.8	1.0	2.0	3.5	5.0	6.5	8.0	9.0

表5-1-3　轧染工艺打样浓度分档

项目	浓度	1	2	3	4	5	6	7	8	9	10	11	12
一	g/L	0.1	0.3	0.5	1	2.0	3	4	5	6	8	10	11
二	g/L	0.2	0.5	1.0	2	4.0	6	8	10	13	16	20	22
三	g/L	0.3	1.0	1.0	4.5	4	8	10	15	20	25	30	35
四	g/L	0.4	1.0	2.0	4	6.0	10	15	20	25	30	40	45
五	g/L	0.5	1.0	2.0	4	6.0	10	15	20	30	40	50	55
六	g/L	0.6	2.0	4.0	6	8.0	10	20	30	40	50	60	70
七	g/L	0.7	2.0	4.0	6	8.0	10	20	30	40	55	70	80
八	g/L	0.8	2.0	4.0	6	8.0	10	20	35	50	65	80	90

(2)染料单色样的制作　首先应强化染色工艺,如染料计量、操作重演性、染色方法、工艺条件、纤维材质及仪器设备等。基本上按照化验室小样工艺进行染色,并尽量与大车工艺相接近。试样制作时最好由专人负责,采用同一台染色设备,以减少系统误差。

(3)样品保存　染好的基础色样应分别装入塑料袋中保存,以备测量时使用,不要剪开粘贴在记录本上。

2. 单色样测色

建立配色基础数据库,首先按前述过程制成染色样品,然后进行测色,再通过计算机进行处理并储存。测色值准确与否对计算机配色精度有很大的影响,是计算机配色成功或失败的关键。

将备好的各单色样按照染色浓度梯度在同一台分光光度仪上进行测色,测色时应在不同时间内、不同位置上进行多点测色,求取平均值,使测得的基础数据值具有良好的重现性。要求织物在染色烘干后放置一定时间再进行测色。测得的反射率值存储在计算机内,并由库贝尔卡—蒙克函数算出色样的 K/S 值,从而建立基础色样数据库。

3. 基础色样数据库的检验

在制备基础色样的染色过程中,称料、配液、加料顺序、温度、时间、助剂等操作误差会影响打样偏差,必须通过程序提供的某些功能初步检验基础数据的准确性,对异常色样进行修正。若个别染料偏差严重,应重新打样。具体方法有三种。

(1)观察反射率与波长的关系　将每种染料各浓度档的色样测色结果输入电脑后,系统软件会自动描绘出不同浓度的色样的反射率(R)与波长(λ)之间的关系曲线(图 5-1-1)。单色染料在不同浓度下的色样的反射值曲线,应呈现有规则的平行分布,浓度愈低,反射率愈高;浓度愈高,反射率愈低。若曲线有不规则现象,即出现交叉,应修正。

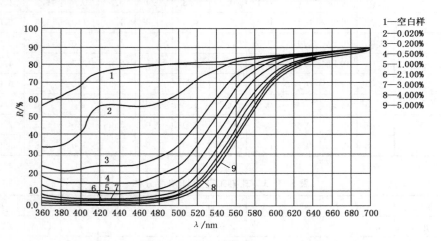

图 5-1-1　不同浓度下染色色样的反射率与波长的曲线

(2)观察 K/S 值与染色浓度 c 的关系　将染料各浓度档的染色色样进行测色后,系统软件会自动描绘出不同浓度色样的 K/S 值与染色浓度(c)之间的关系曲线(图 5-1-2)。图中曲线为染色样在最大吸收波长处的 K/S 值与染色浓度的关系。因为 K/S 值最大时,相对误差较小。由于 K/S 值和染色浓度并非线性关系,因而必须用回归方法求出 K/S 值和染色浓度之间的函数关系。低浓度时,随着染色浓度增加,K/S 值增加;浓度高时,增加速度变慢,直到染料对纤维达到饱和,K/S 值不再因浓度增加而变化,染色达到平衡。如果不符合这一规律,必须进行修正。

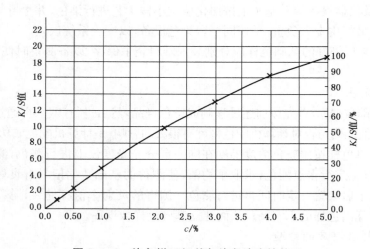

图 5-1-2　染色样 K/S 值与染色浓度的关系

（3）利用"配色计算"功能检验基础数据　以单色染料某一档浓度的染色样作为标准样，使用电脑中已存储的该染料的基础数据进行配色。以活性藏青 S-BFN 为例，选染色浓度 1% 的色样为配色标准样，利用该染料共 12 档浓度的色样绘制的上染曲线，求出染色浓度。如果自动配色给出的理论预报配方为 1.02%，说明该档浓度的实际色样与理论配方的误差为 2%。一般来说，浓度低的色样，误差较大；反之，误差较小，误差值应小于 5%。

4. 提高基础数据制备的有效性

基础数据的有效性是提高配色预测成功率的前提，它又依赖于基础色样的制备质量，为此，重点应抓好四个环节。

（1）严格控制待染坯布的前处理　用于制备基础色样的织物，应是从整匹未经染色的半制品上剪下来的。该待染织物的酸碱值、白度值、毛效、厚薄等应与整块半制品保持相对一致，并且不能含有油污、横档、结头、斑渍等，否则得出的基础数据将不准确。因此，要严格控制待染坯布的前处理加工。

（2）尽量减小配液和滴液误差　计算机测色配色软件和母液调制机与自动滴液系统相联合，以减少系统误差。打小样所用的染料原液，根据其质量稳定性，长至 7 天，短至隔天，必须更新；染料母液一般由浓到淡逐级稀释化料，也可有效地减少系统误差，并且可以降低自动滴液机滴液时的误差。

（3）重视基础色样制作及注意问题

① 纤维材质一般选用产量大且具有代表性的；

② 由专人负责制作，以减少人为误差；

③ 基础色样需在同一台小样机上制作，以减少仪器误差；

④ 染色浓度档次视各染料情况而定，可在实际使用范围内选定若干不同浓度（一般为 6～12 个），浓度范围为 0.01%～8.00%；

⑤ 实验室小样与大生产的染色工艺应尽可能一致；

⑥ 小样制作应在连续的一段时间内完成，可重复制作 2～3 次，以求结果正确。

（4）试样测色时的要求

① 颜色测量有一定的环境条件要求，如温度、湿度、光源等，试样染好后需经水洗、烘干，并在室内暴露 12 h 后，即可用于测试。

② 布样一般折叠为 4～8 层（视织物厚薄而定），保证织物不透光，尽量排除背景的影响。

③ 对制作好的基础色样，应在不同时间内，用同一台分光光度仪进行测色，测定其多点的反射率，求取平均值。每块织物取着色均匀的 4 个不同位置进行测色，若是无反正面之分的平纹织物，两面各测 2 点。有纹路的织物测正面，放置时纹路方向与实际目测对样方向一致。测量时，织物纹路的方向性对某些分光光度仪的测试结果有很大的影响。

④ 对于纱线样品，必须使用绕纱器将其均匀排列，纱线排列的有序性、松紧程度对测色结果的影响巨大。

⑤ 对于绒类织物，应将绒毛刷直，灯芯绒织物有倒顺毛，其测量点的代表性对测色结果的影响巨大。

四、任务实施

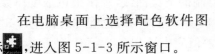

任务 5-1-1 纤维基材数据库的建立　　任务 5-1-2 染料数据库的建立　　任务 5-1-3 染色程序的建立　　任务 5-1-4 色样的输入　　任务 5-1-5 染色组的建立

在电脑桌面上选择配色软件图标 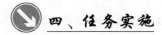 ，进入图 5-1-3 所示窗口。

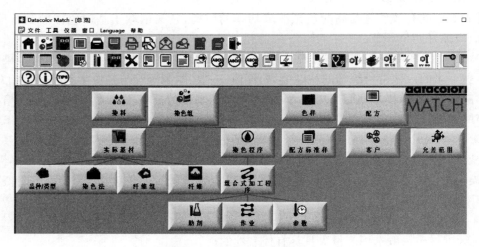

图 5-1-3　配色软件总窗口

（一）纤维基材数据的建立

1. 用鼠标点击图 5-1-3 所示窗口中的 按钮，弹出图 5-1-4 所示窗口。在图 5-1-4 所示窗口右侧的空白位置处双击鼠标左键，弹出图 5-1-5 所示窗口。

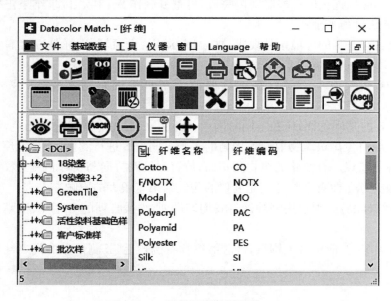

图 5-1-4　纤维基材数据的建立(1)

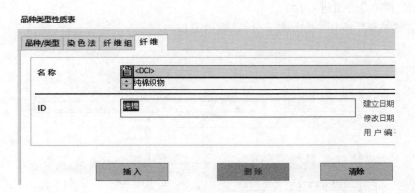

图 5-1-5　纤维基材数据的建立(2)

（1）点击"**纤　维**"按钮，将"名称"右边、"<DCI>"左边的图标点成绿色。

（2）在"<DCI>"下方的名称框中输入能代表某一类信息的名称，并将该名称复制以备用。

（3）在"ID"后面的框中点击一下，显示纤维编码。

（4）点击"插入"按钮保存资料。

2. 点击图 5-1-5 所示窗口中的"**纤　维　组**"按钮，弹出图 5-1-6 所示窗口。

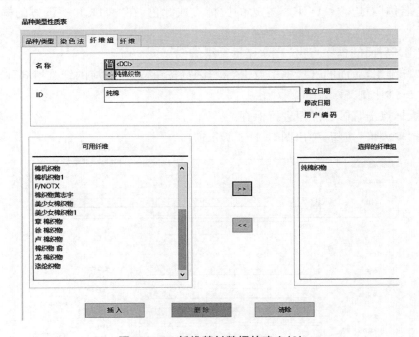

图 5-1-6　纤维基材数据的建立(3)

（1）把"名称"右边、"<DCI>"左边的图标点成绿色，在"<DCI>"下方的框中粘贴先前复制的名称。

（2）在"ID"后面的框中点击一下，显示纤维编码。

（3）在"可用纤维"中选取对应的名称，点击"　＞＞　"放入"选择的纤维组"中。

127

（4）点击"插入"按钮进行保存。

3. 点击" 染色法 "按钮，弹出图 5-1-7 所示窗口。

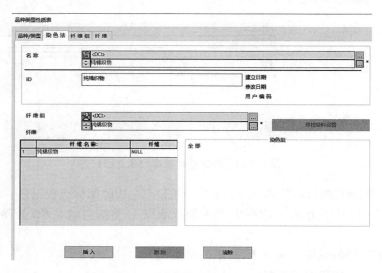

图 5-1-7　纤维基材数据的建立(4)

（1）把"名称"右边、"＜DCI＞"左边的图标点成绿色，在"＜DCI＞"下方的框中粘贴先前复制的名称。

（2）在"ID"后面的框中点击一下，显示纤维编码。

（3）在"纤维组"后面的选择框中点击" ... "浏览按钮，选出对应的纤维组名称。

（4）在"纤维比例"输入 100。

（5）用鼠标点击"插入"按钮进行保存。

4. 点击" 品种/类型 "按钮，弹出图 5-1-8 所示窗口。

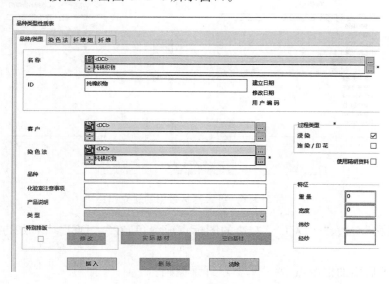

图 5-1-8　纤维基材数据的建立(5)

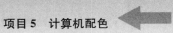

（1）把"名称"右边、"＜DCI＞"左边的图标点成绿色，在"＜DCI＞"下方的框中粘贴上先前复制的名称。

（2）在"ID"后面的框中点击一下，显示纤维编码。

（3）在"染色法"后面的选择框中点击"…"浏览按钮，选出对应的染色法的名称。

（4）在"过程类型"处选择"浸染"或"连染/印花"。

（5）点击"插入"进行保存，弹出图5-1-9所示窗口。

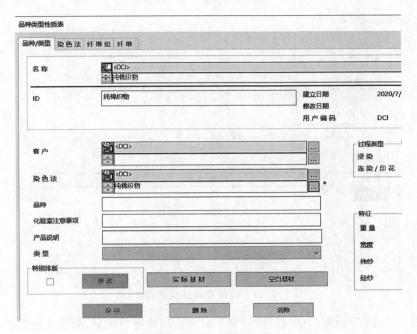

图 5-1-9　纤维基材数据的建立(6)

（6）选择"空白基材"按钮，弹出图5-1-10所示窗口。选择"新增"，弹出图5-1-11所示的窗口，点击"确定"，弹出图5-1-12所示窗口。

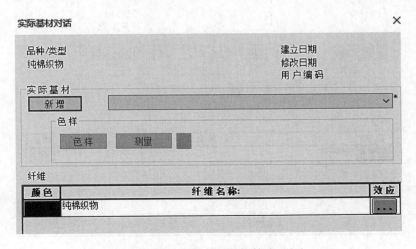

图 5-1-10　纤维基材数据的建立(7)

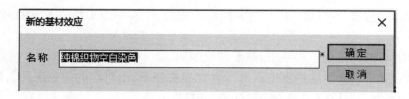

图 5-1-11　纤维基材数据的建立(8)

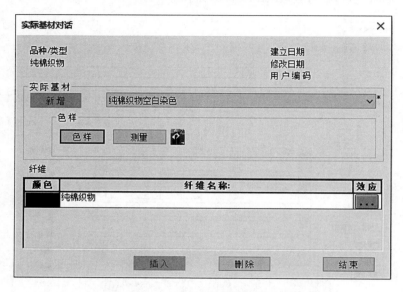

图 5-1-12　纤维基材数据的建立(9)

　　(7) 在图 5-1-12 所示窗口中,选择"测量",对空白织物进行测量,测量完成后弹出图 5-1-13 所示窗口,然后点击"插入"和"结束"按钮。

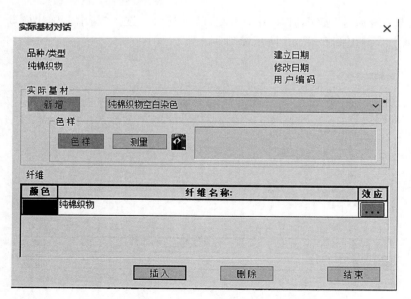

图 5-1-13　纤维基材数据的建立(10)

（二）染色程序的建立

1. 纤维基材数据建立完成后，按图标"🏠"，即回到配色基础数据库建立总窗口，然后在图 5-1-3 所示窗口中点击"🌑（染色程序）"按钮，弹出图 5-1-14 所示窗口。

图 5-1-14　染色程序

2. 在图 5-1-14 所示窗口右侧的空白位置双击鼠标左键，弹出图 5-1-15 所示窗口。

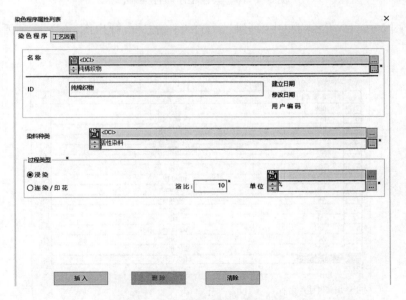

图 5-1-15　染色程序属性列表(1)

（1）把"名称"右边、"＜DCI＞"左边的图标点成绿色，在"＜DCI＞"下方的框中粘贴先前复制的名称。

131

（2）在"ID"后面的框中点击一下,显示纤维编码。

（3）在"染料种类"后面的选择框中点击"..."浏览按钮,选出对应的染料类别。

（4）在"过程类型"处选择"浸染"或"连染/印花"。

（5）输入浴比和单位。

3. 用鼠标点击"插入"按钮进行保存,弹出图 5-1-16 所示窗口。

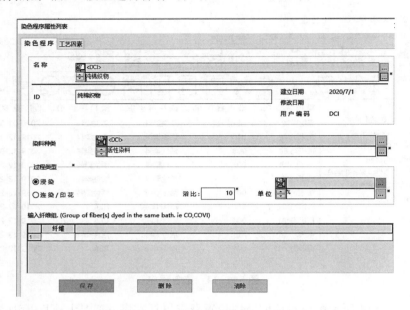

图 5-1-16　染色程序属性列表(2)

4. 点击图 5-1-16 所示窗口中"纤维"下方的绿色方框,弹出图 5-1-17 所示窗口。

	纤维编码:	纤维名称:
7	006	徐棉织物
8	007	卢棉织物
9	008	棉织物 前
10	010	龙 棉织物
11	306	棉织物黄志宇
12	CO	Cotton
13	MO	Modal
14	NOTX	F/NOTX
15	PA	Polyamid
16	PAC	Polyacryl
17	PES	Polyester
18	SI	Silk
19	VI	Viscose
20	WO	Wool
21	涤纶	涤纶织物
22	纯棉	纯棉织物
23		

图 5-1-17　染色程序中的纤维组

5. 在图 5-1-17 所示窗口中,选中所需要的纤维名称,然后点击"　**确 定**　"按钮,弹出图 5-1-18 所示窗口。

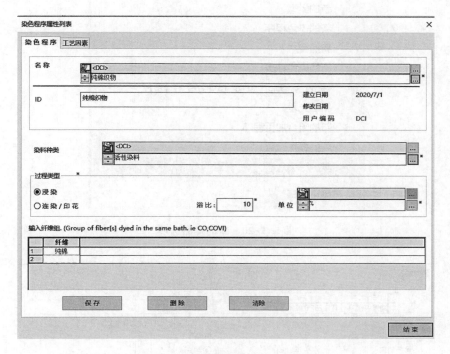

图 5-1-18　染色程序属性列表(3)

6. 点击图 5-1-18 所示窗口中的"保存"和"结束"按钮,按"🏠"按钮返回图 5-1-3 所示窗口。

(三) 单色样颜色的输入

1. 对于客户来样和基材单色样,均可点击图 5-1-3 中的"🟥 色样"按钮,弹出图 5-1-19 所示窗口。

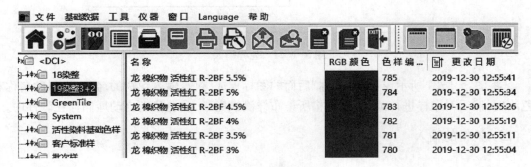

图 5-1-19　色样窗口

2. 在图 5-1-19 所示窗口中任一色样的位置上点击鼠标右键,弹出图 5-1-20 所示窗口。
3. 在图 5-1-20 所示窗口中选择"新的样品",弹出图 5-1-21 所示窗口。

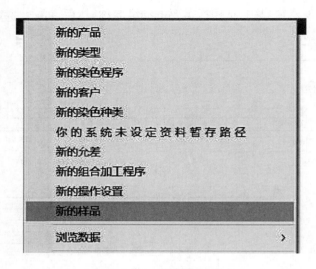

图 5-1-20　新的样品选项

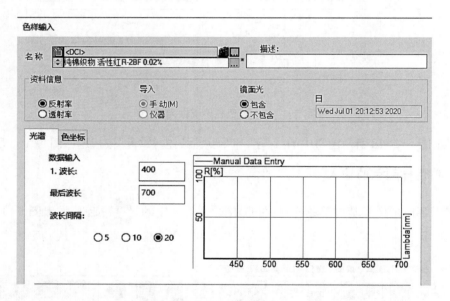

图 5-1-21　色样输入

4. 将图 5-1-21 所示窗口中"名称"后面的图标点成绿色,输入织物的名称、染料的名称和染色浓度,然后对布样进行测色,直到将所染布样测试完毕,测色值则自动地储存在软件中。

(四) 染料的输入

1. 用鼠标点击图 5-1-3 所示窗口中的 染料 按钮,弹出图 5-1-22 所示窗口。

2. 在图 5-1-22 所示窗口右侧的空白位置双击左键,弹出图 5-1-23 所示的窗口,在该窗口中输入染料的名称、染料种类、产品供应商等信息,输入完成后按"保存"按钮,即可对染料进行输入。

图 5-1-22　染料编辑(1)

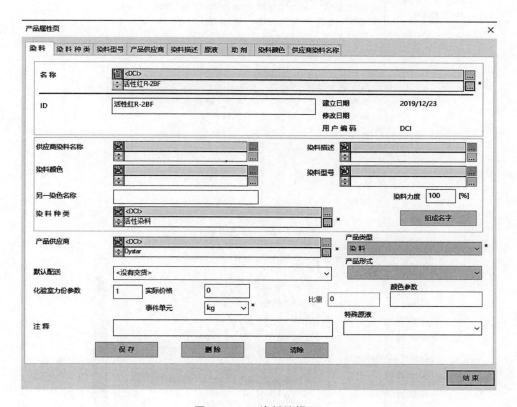

图 5-1-23　染料编辑(2)

(五) 染色组的建立

新建立一个染色组。如果需要的染色组已经存在,仅需在此染色组中添加染料,则双击此染色组的名称进入。

1. 点击图 5-1-3 所示窗口中的 "![染色组]" 按钮,弹出图 5-1-24 所示窗口。

2. 在图 5-1-24 所示窗口右侧"染色组"名称下面的空白位置按鼠标右键,弹出图 5-1-25 所示窗口。

3. 选择"新增"右侧的"纺织"按钮,弹出图 5-1-26 所示窗口。

图 5-1-24　染色组

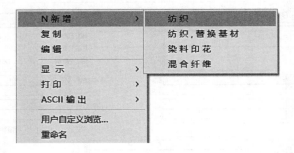

图 5-1-25　新增纺织

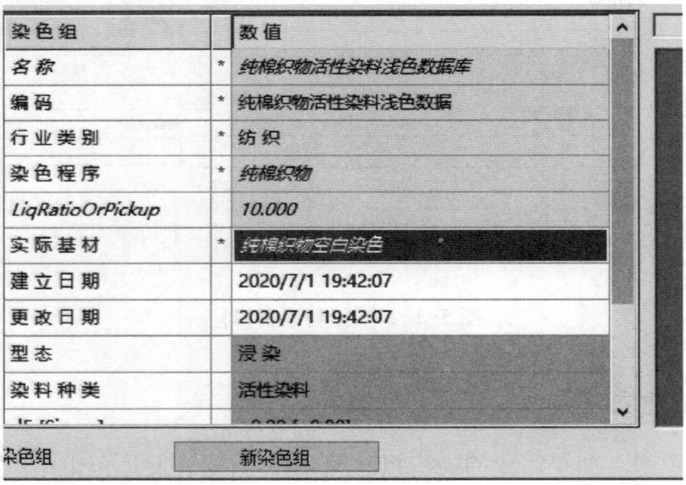

染色组	数值	
名称	*	纯棉织物活性染料浅色数据库
编码	*	纯棉织物活性染料浅色数据
行业类别	*	纺织
染色程序	*	纯棉织物
LiqRatioOrPickup		10.000
实际基材	*	纯棉织物空白染色
建立日期		2020/7/1 19:42:07
更改日期		2020/7/1 19:42:07
型态		浸染
染料种类		活性染料
染色组		新染色组

图 5-1-26　新增染色组

（1）在"名称后面"的框中输入数据库的具体名称。

（2）在"编码"后面的框中点击一下，显示纤维编码。

（3）双击"染色程序"后面的框，选出对应的资料。

（4）双击"实际基材"后面的框，选出对应的资料。

（5）然后点击图 5-1-27 所示窗口中的"保存"按钮（图 5-1-27 是图 5-1-26 中右下角部分的放大图）。

4. 点击图 5-1-26 所示窗口中的"新染色组"按钮，可以添加染料名称及其单色色谱，弹出图 5-1-28 所示窗口。

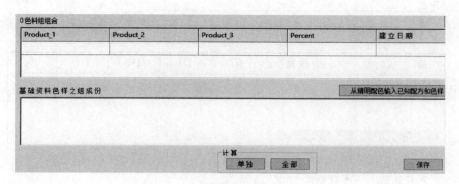

图 5-1-27　新增染色组保存

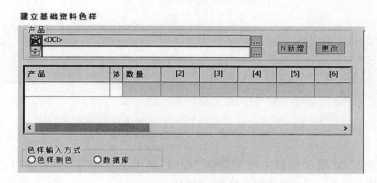

图 5-1-28　建立基础资料色样

5. 在图 5-1-28 所示窗口中点击" N 新增 "按钮，弹出图 5-1-29 所示窗口。

图 5-1-29　物料产品输入

6. 在图 5-1-29 所示窗口中,在"名称"后面的空格处双击左键,输入具体的染料名称后,按"确定",弹出图 5-1-30 所示窗口。

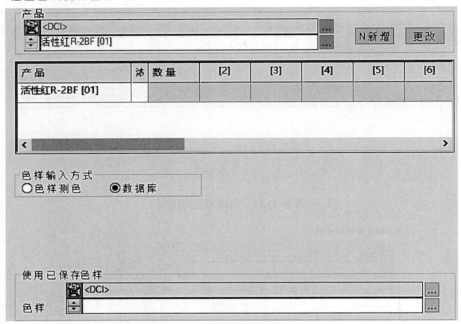

图 5-1-30 建立基础资料色样

7. 点击图 5-1-30 所示窗口中的"◉数据库"按钮,弹出图 5-1-31 所示窗口;选"活性红单色样"中所有浓度的浅色样,完成后按"　确定　"按钮,弹出图 5-1-32 所示窗口,点击"接受"按钮,弹出图 5-1-33 所示窗口。

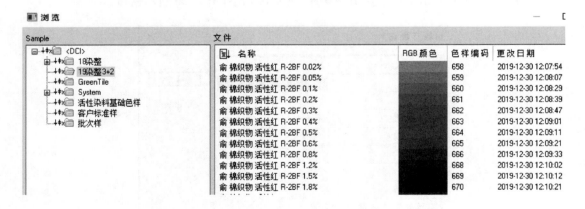

图 5-1-31 浏览色样

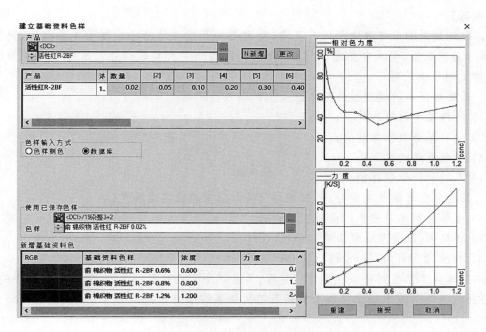

图 5-1-32　选择使用已存档色样

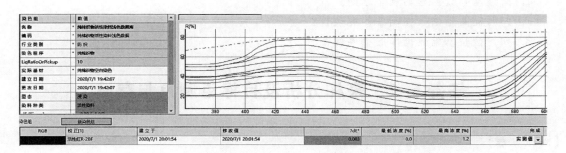

图 5-1-33　染色组中增加染色样

8. 点击图 5-1-33 所示窗口中上面一个"新染色组"按钮,可向组中加入其他染料;如图 5-1-34 所示,最后按"保存"和"结束"按钮。

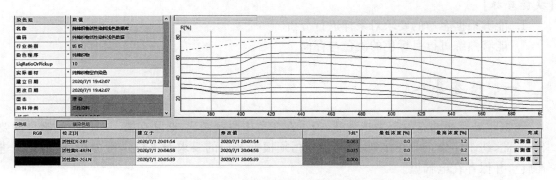

图 5-1-34　增加不同染料和不同浓度的单色样

【复习指导】

1. 配色效果的好坏取决于很多因素,最重要的是建立的基础数据库是否准确、完整。建立准确的基础数据,要求在基础试样的制作、试样的测定及其数据存储阶段严格遵循操作要求,合理运用已有的经验。

2. 基础数据库的建立过程包括:

(1) 纤维基材数据的建立;

(2) 染料基础数据的建立;

(3) 染色程序的建立;

(4) 基础色样数据库的建立。

3. 基础数据库制作完成后,可以通过三种方法来检验其准确性:

(1) 观察反射率与波长的曲线图;

(2) 观察 K/S 值与染色浓度的曲线;

(3) 利用"配色计算"功能进行检验。

4. 应该从严格控制待染坯布的前处理、尽量减小配液和滴液误差、重视基础色样的制作、严格遵循测色时的要求四个方面来提高基础数据库的准确性。

【思考题】

1. 简述基础数据库的制备原则。

2. 如何提高基础数据制备的有效性?

3. 如何检验基础数据库的准确性?

任务 5-2　来样分析及目标色测色与存储

【知识目标】

1. 针对客户的来样,应该分析哪些指标

2. 测色标准样如何制作

3. 测色时应该注意哪些问题

【技能目标】

1. 能够根据客户的要求对来样进行分析

2. 能够熟练进行目标色的测色与存储

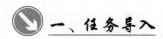 一、任务导入

纺织印染行业的竞争越来越激烈,为了在竞争中脱颖而出,必须在第一时间达到客户的要求。为此,纺织印染企业在接到客户订单时,须根据客户的要求对来样进行分析,对目标色进行测色,并保存在电脑里。

二、任务分析

若想完成来样的准确测色及存储,必须了解以下内容:

(1) 标准样分析包括哪些内容?

(2) 标准样如何制作和测量?

(3) 如何保存标准样?

 三、相关知识链接

(一) 标准样分析

若想生产出令客户满意的产品,必须了解客户对产品的质量要求,因而需对来样进行分析,制定染色工艺及测色条件,包括以下内容:

(1) 牢度要求:如日晒牢度 4 级、皂洗牢度 4 级、汗渍牢度 4 级、摩擦牢度(干摩 4 级、湿摩 3 级)等。

(2) 染料选择:在尽量满足客户要求的同时,筛选出能进行实际大生产的染料组合,并从中筛选出不同光源条件下"跳灯"现象最小的一组染料。若日晒牢度达到 4 级及以上,对很多活性染料而言,该要求比较高,筛选时要十分谨慎。对于漂白产品,要事先测出其白度值,筛选出合理的增白剂。

(3) 染色工艺及流程:根据客户来样以及需要进行大生产的实际织物,确定采用轧染、卷染或溢流染色等工艺流程。

(4) 测色光源:很多国外客户会提出不同的光源要求,例如,要求比较高的客户需三种光源,第一光源 U3000 或 U3500,第二光源 A,第三光源 D65。一般第一光源与第二光源的色差在 0.5 左右,第一光源与第三光源的色差在 0.8 左右。美国客户采用 U3000 或 U3500 作为第一光源居多,欧洲客户多采用 CWF(F02),国内客户以 D65 或日光灯为主。

(5) 测色光孔选择:客户来样的尺寸,对光孔选择至关重要。光孔的选择将直接影响测色结果。测色配色仪器一般有超极小孔径 XUSAV (3 mm)、极小孔径 USAV (6.6 mm)、小孔径 SAV (9 mm)、中孔径 MAV (20 mm) 和大孔径 LAV (30 mm) 共 5 组测量孔径,可适合不同面积的标准样的测定。孔径大小对色差的影响很大,一般孔径最大,色差最小,孔径越小,色差越大。实际测色时,为了保证标准样折叠后不透光,需选择切合标准样实际效果的光孔孔径,如图 5-2-1。

(二) 标准样的制作与测色

测色用标准样一般有织物、纱线和散纤维三种形式。

1. 织物标准样的制作与测色

对织物试样,应选用匀染状态良好的布样进行测色,如果是连续染色的织物,因浸轧烘干后其正反面会出现色差,所以需要在两面进行测色,求其平均值。织物试样所存在的问题是背面透光。组织疏松的织物,因为纤维间隙很大,更容易产生背面透光,必须折叠数层后进行测

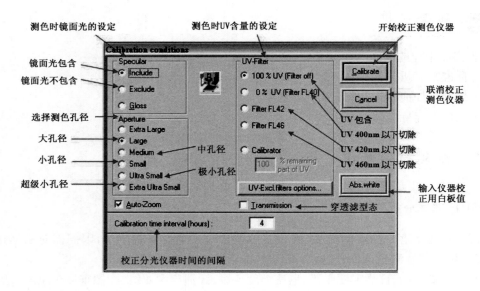

图 5-2-1　测色孔径的选择

色。折叠的层数也不能过多,应该在测色值无变动的条件下规定最少层数。绒类、毛毯类、毛圈类织物,为了防止试样在积分球窗口部分产生内鼓现象而使测色值变动,测色前在测色孔上加一块石英玻璃。有纹路的织物及绒类、线类等特种织物,测量时要注意标准样的放置方向与表面状态。

2. 纱线标准样的制作与测色

对于纱线试样的制作,为了避免纱线染色不匀而引起测色误差,一般将其平行卷绕在平板或圆筒上进行测色,要求卷绕密度均匀,张力尽可能一致。平板卷绕时,纵横向层数相同,最好共绕 4 层;圆筒卷绕时使用直径为 10 mm 的筒管,绕 1~3 层。

3. 散纤维标准样的制作与测色

散纤维试样如毛条或棉条等,比较合理的方法是在积分球窗口装上薄玻璃板(或透明塑料板),根据接触面积对试样施加一定压力,然后进行测定。值得注意的是,所装散纤维必须打松且均匀混合。

(三)目标色测色时应注意的问题

影响计算机配色效果的因素之一,在于对肉眼所见的来样颜色进行测定,若测色有误使得配色目标不正确,而对不正确的目标颜色进行配色,结果必定不理想。所以,对目标色测色过程中的有关问题,一定要重视。

1. 背景的影响

如果将未折叠的染色物放在白纸或黑色纸上测色,会有某种程度的背景透过而呈现较白或较黑的颜色。也就是说,将试样放在不同背景下观察,色泽必然起变化。

如测试人员为了操作方便,直接对附带背景色的织物进行测色,会在很大程度上影响测色的效果。当背景色为白纸时,所测得的反射率 $\rho(\lambda)$ 偏高,即染色深度 K/S 值偏小,使测试结果比实际浅很多;当背景色为黑纸时,所测得的反射率 $\rho(\lambda)$ 偏低,即染色深度 K/S 值偏大,使测试结果比实际深很多。

2. 小面积目标色样测色对策

对纺织品试样进行测色,由于织物表面不平整、试样不均匀等原因,应尽可能选择大光区,以避免测定面积很小而产生误差。但实际生产中,仿制其他公司的产品时,往往只能获得很小的一块样品,也要求准确测色。为了防止光线的透射,必须采用小孔径进行测量。而小孔径常使所测得的反射率偏低,故测出的颜色偏黑。如果标准样很薄并且无法折叠,为了获得准确的反射率,可使用半透明样品测色程序进行测量或者使用与标准样有相近色相且稍浅的织物作为衬垫再进行测量。

3. 测色值的重现精度

将相同的目标样在同一条件下进行多次测定,若测色结果有变异,说明采用的分光光度仪已经不准确,如果变异值影响配色精度时,表明该装置不能继续使用。计算机配色所要求的目标样的测色值,其变动幅度在 ±0.1 以内。

4. 测色值的时间变动

在不同日期测试时,目标色的测色值有变动,其主要原因是测定状态发生变化,包括分光光度仪、目标色样的湿度及温度变化。如果用变动的测色值编制计算机配色基础数据,必定影响配色精度。

5. 测色次数

一般情况下,应在试样上取四个不同位置进行测色,求其平均值。如果在其中一个位置的测定值有很大差异,应更多次地变换位置重复测定,直到平均值在一定范围内,即换算为浓度差在 2% 以内。对于散纤维试样,应增加测定次数。

6. 测色温湿度

颜色测量有一定的环境条件要求,如温度、相对湿度、光源等,试样染色后需经水洗、烘干,并在室内暴露至少 12 h,使其自然回潮后再进行测色。

7. 荧光目标色的测色

日常测色中,用荧光性染料染得的染色布作为目标色样的情况很多。为了正确测定这类目标色的颜色,需要使用多色照明的光源,要求其光谱功率分布稳定且对标准光一致。

一般光源在使用过程中其特性会逐渐发生变化,分光光谱分布调整用滤色镜也会发生时效变化。这些变化对荧光目标色样有影响。对于拼用荧光增白剂的目标色样,要求分光光度仪的测色光源具有规定的紫外能量分布。特别要注意的是,荧光性目标色样的测色结果,必须包括在多色彩照明条件下的含荧光的分光反射率;对于拼用荧光增白剂的目标色样,必须使 D65 光源近似到包含紫外线。

市场上的很多染料有荧光性物质,尤其是阳离子染料和分散染料。测定含荧光的染料的反射率时,不能得到可直接用于混色计算的数据。为此,需要先检测颜色中有无荧光物质,测定出不受荧光影响的真正反射率。

荧光性物质检出法:对从光源入射到积分球光谱中的连续光谱,按一定波长间隔顺次切除某一波段的光谱色,求得其各自的分光反射率曲线。可在设定分光光度仪时用紫外滤色镜将 UV 去除,即 UV 400 nm、UV 420 nm、UV 460 nm 以下切除,需要 100% UV 包含,如图 5-2-1。检查此切除波段的分光反射率的变化情况,就可知有无荧光性。

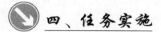

（一）建立客户资料夹

1. 在图 5-1-3 所示的配色主窗口中点击"▓"按钮，弹出图 5-2-2 所示窗口，在其中用鼠标选择"＜DCI＞"，然后点击鼠标右键，弹出图 5-2-3 所示窗口。

图 5-2-2　配色色样窗口

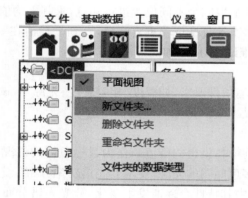

图 5-2-3　建立资料夹

2. 在图 5-2-3 所示窗口中，选择"新文件夹"，弹出图 5-2-4 所示窗口，输入文件夹名称后，点击"确定"，则"＜DCI＞"根文件夹下产生一个新的文件夹，如图 5-2-5 所示。

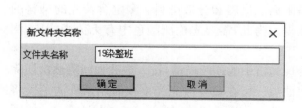

图 5-2-4　输入新资料夹名称

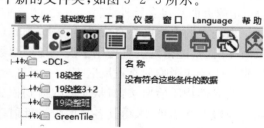

图 5-2-5　新资料夹建立完成

（二）色样输入与存储

色样输入与存储的操作过程见任务 5-1 中"单色样的颜色输入"或任务 3-1 中"标准色样的输入和存储"。

（三）颜色反射率数据输入与存储

在图 5-1-3 所示的配色主窗口中点击"色样"按钮,弹出图 5-2-6 所示窗口,在该窗口"名称"下面的空白处按鼠标右键,点击"新的样品",弹出图 5-2-7 所示窗口。

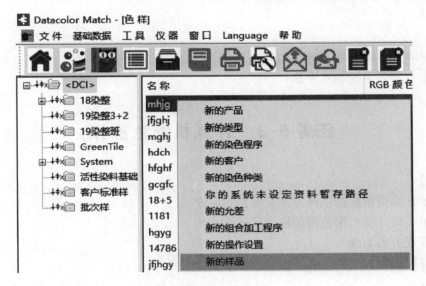

图 5-2-6　样品输入

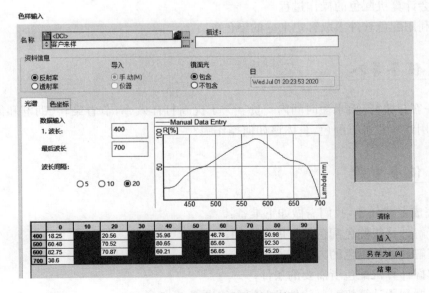

	0	10	20	30	40	50	60	70	80	90
400	18.25		20.56		35.98		46.78		50.98	
500	60.48		70.52		80.65		85.60		92.30	
600	82.75		70.87		60.21		56.65		45.20	
700	38.6									

图 5-2-7　颜色反射率数据输入

145

在图 5-2-7 所示窗口中,选择"资料信息"栏中的"反射率",选择波长间隔数量,从 400 nm 到 700 nm,输入颜色数据,按"插入"按钮,最后点击"结束"按钮。

【复习指导】

1. 若想打出客户所要求的样品,首先要了解客户的要求,比如牢度要求、色泽要求、生产工艺要求、测色要求等。

2. 测色标准样的制作是制作出符合测色要求的试样,包括散纤维、纱线和织物标准样的制作。

3. 测色条件不同时,测色结果不同,测色背景、测色环境或试样的温湿度、测色次数等,均会影响测量结果,测色时需特别注意。

【思考题】

1. 目标色测色时应该注意哪些问题?

2. 标准样分析包括哪些内容?

任务 5-3 计算机配色操作

【知识目标】

1. 了解计算机配色的三种方式及配色的原理

2. 了解实现计算机配色的条件

3. 选择配方的原则

4. 计算机配色的参数

【技能目标】

1. 学会计算机配色的操作过程

2. 能利用配色软件求取客户来样的染色配方

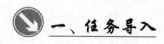 **一、任务导入**

现有一客户来样,要求短时间内交货。为了提高打样效率,节省染料、助剂和能耗等加工成本,需采用计算机进行配色,具体该如何操作呢?

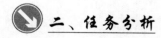 **二、任务分析**

为了完成上述任务,我们需做如下准备:

(1)了解计算机测色配色的发展及应用;

(2)了解计算机配色的方式和原理;

(3)掌握计算机配色所需要的条件;

(4)掌握利用计算机配色软件求取配方的步骤;

（5）了解选择配色处方的原则。

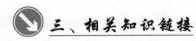 三、相关知识链接

（一）配色方式与配色理论

1. 配色方式

计算机配色有三种方式，即色号归档检索、反射光谱匹配和三刺激值匹配。

（1）色号归档检索　对以往生产的品种，按色度值进行分类并编号，将染料处方、工艺条件等汇编成文件后存入计算机内，需要时将测定的标样的颜色数据输入计算机或直接输入代码，输出色差值小于某个值的所有处方。其基本思路与人工配色相同。这种方法可避免试样保存时间太长而变褪色，检索比较全面，但只能提供近似处方，仍需根据经验进行调整。

（2）反射光谱匹配　对染色纺织品来说，最终决定其颜色的是反射光谱。因此，使产品的反射光谱匹配标准样的反射光谱是最完善的配色，称为无条件配色。这种配色只有在染色样和标准样的染料相同且纺织材料相同时才能成功，实际生产中是很难达到的。

（3）三刺激值匹配　三刺激值匹配的结果在反射光谱上与标准样不一定完全相同，但三刺激值相等，即可得到等色。所以，此种方式最有实用意义。

2. 配色的基本原理

一束光投射至不透明纺织品时，除少数由表面反射外，大部分光线进入纤维内部，发生吸收和散射。光的吸收主要由染料所致，不同的染料选择吸收的光谱不同，导致纺织品形成各种颜色；同时，染料数量越多，对光的吸收作用越强烈，反射出来的光越少。染料浓度和纺织品反射率之间存在某种关系。实验发现两者之间的关系比较复杂，不成简单的比例。如欲预测某染色物所需的染料浓度，需在反射率和浓度之间建立一个过渡函数，它既与反射率成简单关系，又与染料浓度成线性关系。1939 年，库贝尔卡—蒙克从完整辐射理论诱导出相对简单的理论。迄今为止，国际上绝大多数配色软件采用 Kubelka-Munk 理论作为光学理论基础，其简化形式为：

$$K/S = \frac{[1-\rho_\infty]^2}{2\rho_\infty} = \frac{[1-\rho(\lambda)]^2}{2\rho(\lambda)} \tag{5-3-1}$$

式中：ρ_∞ 为染色试样为无限厚时的反射率，也可用 $\rho(\lambda)$ 表示；K 为染色试样的吸收系数；S 为染色试样的散射系数。

这一理论近似地描述了吸收系数 K、散射系数 S 与颜色样品的分光反射率 $\rho(\lambda)$ 之间的函数关系。同时，K 和 S 值的可加和性以及与着色浓度 c 之间的函数关系，使得利用仪器和计算机来计算着色配方成为可能。

不透明体的吸收系数 K 和散射系数 S 具有加和性。设 K 和 S 为物体总的吸收和散射系数，各色料的吸收和散射系数分别为 K_0，K_1，…，K_n 和 S_1，S_2，…，S_n，纤维的吸收和散射系数为 K_0 和 S_0，则有：

$$\left.\begin{array}{l} K = K_0 + K_1 + K_2 + K_3 + \cdots + K_n \\ S = S_0 + S_1 + S_2 + S_3 + \cdots + S_n \end{array}\right\} \tag{5-3-2}$$

147

对于颜料的配色,由于颜料以粒子形态存在于被着色介质中,因此每种颜料的散射系数均不可忽视。配色时,K 和 S 必须分别计算,俗称双常数法配色。

对于染料/纺织品的配色,由于染料以分子形态存在于纤维中,染料分子比可见光波长小得多,因而与纤维散射系数 S_0 相比,其散射系数 S_i 很小,可以忽略不计,即 $S = S_0$,则式(5-3-2)变为:

$$K/S = \frac{K_0 + \sum_{i=1}^{n} K_i}{S_0 + \sum_{i=1}^{n} S_i} = \frac{K_0 + \sum_{i=1}^{n} K_i}{S} = \left(\frac{K}{S}\right)_0 + \left(\frac{K}{S}\right)_1 + \left(\frac{K}{S}\right)_2 + \cdots \left(\frac{K}{S}\right)_n \quad (5-3-3)$$

在一定的染色浓度范围内,纤维上染料的上染量与染浴中使用的染料浓度成正比,即染料浓度越高,上染量越高,经分光光度仪测得的分光反射率越低,而且与染料浓度成一定的线性关系:

$$\frac{K}{S} = k \times c \quad (5-3-4)$$

将式(5-3-3)和式(5-3-4)合并,可表示为:

$$\left(\frac{K}{S}\right)_m = \left(\frac{K}{S}\right)_0 + k_1 c_1 + k_2 c_2 + \cdots + k_n c_n \quad (5-3-5)$$

式中:$\left(\frac{K}{S}\right)_m$ 为待匹配物体的 K/S 值;$\left(\frac{K}{S}\right)_0$ 为空白织物的 K/S 值;k 为比例常数,其值等于有色物质为单位浓度时的 K/S 值;c 为固体试样中有色物质的浓度。

这里,K/S 是作为单一数值考虑的,使得配色过程大为简化。这种方法称之为单常数法配色。

(二)实现计算机配色的条件

1. 在特定的照明条件下,物体的颜色可以用数字表示。
2. 着色物体的光学特性与着色浓度之间存在函数关系。
3. 测色与配色软件数据库中有如下资料:
(1)标准光源 A、B、C、D65、TL84 和 CWF 等的光谱功率分布值。
(2)标准观察者光谱三刺激值 $\bar{x}(\lambda)$、$\bar{y}(\lambda)$、$\bar{z}(\lambda)$,包括 2°和 10°视场两组数据。
(3)配方计算式、色差式、配方修正式、三刺激值计算式、成本计算式、色变指数计算式、反射率计算式、白度及深度比较式等。
4. 测色仪器与测配色软件。
5. 染料基础数据库。

(三)配色处方的求取

根据企业实际生产情况,建立配色用染料基础数据库后,可根据计算机内存储的基础数据库以及色样配方库,求取客户来样的染色配方。配方求取的方法包括自动配色、成组配色、智能配色和手调配色四种。

1. 自动配色——配方计算

(1) 配色时需要输入的资料

① 染料的相关信息(见任务 5-1"基础数据库的建立")

② 标准色样、空白织物、待染基布的分光反射率

客户提供的标准样的颜色由织物和染料的颜色组成。配色时输入织物的反射率,再用基础数据库中纯染料的数据进行配色。若配色使用的织物不是建库时采用的织物,可以在数据库存储的常用织物中查找并选用;若配色所用的织物不是数据库内储存的常用织物,可由分光光度仪直接测量该织物的反射率。

③ 基础色样的染料浓度和分光反射率

④ 选择染料及配方中的染料数目

染料选择的要点在于将配伍性一致的染料加以组合。为了检验染料的配伍性,可用适当的配色处方进行染色,再将其作为颜色标准样进行配色,若配色处方与实际染色配方一致,说明它们的配伍性好,这种方法简单又准确。

选择染料后,再考虑需要多少种染料参与配方计算。每个配方中的染料数目通常为 3 种,也可用 4 种或 5 种,最多不超过 20 种。最简单的办法是将候选染料全部选入,由计算机按照排列组合方式进行计算。计算的配方个数由所选染料的个数确定。一般由配色人员根据经验选择数种染料参与计算。参与配方计算的染料越多或每个配方中的染料数目越多,计算配方所需的时间越长。表 5-3-1 列出了它们之间的关系。

表 5-3-1 染料种数与染料组合数的关系

染料种数	组合数目		
	3 种	4 种	5 种
6	20	15	6
8	56	70	56
10	120	210	252
12	220	495	792
15	455	1 365	3 003

在实际进行配色时,用户通常参照标准样的颜色、染料特性、车间生产工艺的可行性等,有选择地输入候选染料。例如,拼暗棕色,选用艳黄、翠蓝肯定是不经济的。在染料的选用上,采用下列 11 种色光的染料为宜:大红、蓝光红、黄光红、橙、绿光黄、红光黄、红光蓝、绿光蓝、紫、绿、黑。

当客户对产品有特殊的牢度要求,或厂家为了降低生产成本时要求某一染料的用量必须使用到规定的浓度以上或以下,可将该染料作为"固定组分",输入其最低染料用量,然后在此基础上进行自动配色。

⑤ 光源和允差范围

配方计算时,企业人员可根据客户的要求自行设定配色光源和允差范围。若提高色差和同色异谱指数的允差值,理论预报配方数目将增加。计算配方时,计算机会自动舍去色差偏大的配方,最终只显示出色差和同色异谱指数都小于规定值的配方。

（2）配方计算

① 标准色样与空白染色织物的 K/S 值计算

标准色样及空白染色织物制作完成后,用分光光度仪测定它们的反射率,然后根据式（5-3-1）算出 K/S 值。

② 染料单位浓度 K/S 值的计算

基础色样及空白染色织物制作完成后,用分光光度仪测定它们的反射率,然后根据式(5-3-1)算出 K/S 值,然后将基础色样的 K/S 值减去空白染色织物的 $(K/S)_0$ 值,即为不同浓度色样的 K/S 值。根据式(5-3-4)求得染料单位浓度下的 K/S 值,即 k 值。若 K/S 值与浓度成线性关系时,染料单位浓度 K/S 值是不随浓度改变的。然而有些染料的单位浓度 K/S 值会随浓度改变,如图 5-3-1。

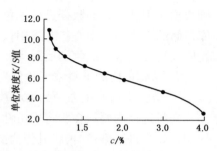

图 5-3-1 染料的单位浓度 K/S 值与浓度 c 之间的关系

从图 5-3-1 中可看出,单位浓度 K/S 值与浓度并非呈线性关系,尤其在高浓度时,有下垂现象。这是由于高浓度时,染料的吸收比例发生偏差。此时,可以多染几组色样以提高准确性。一般采用线性内插和多项式插值法求得单位浓度下的 K/S 值。

③ 一个常数的计算机配方的计算

一个常数是指把 K/S 看作一个整体来计算,不用分别计算 K 值和 S 值。依据计算机配色基本程序,取 16 个波长点,共 16 个方程式,分两步计算而获得染色配方。首先计算染料配方的近似值,可称为最初解决法;第二步是利用重复法来改善最初的染色配方,以获得最佳的三刺激值匹配。16 个方程式如下:

$$
\left.
\begin{aligned}
(K/S)_{m,400} &= (K/S)_{0,400} + \sum_{i=1}^{n} (k_i)_{400} c_i \\
(K/S)_{m,420} &= (K/S)_{0,420} + \sum_{i=1}^{n} (k_i)_{420} c_i \\
&\vdots \\
(K/S)_{m,700} &= (K/S)_{0,700} + \sum_{i=1}^{n} (k_i)_{700} c_i
\end{aligned}
\right\}
\tag{5-3-6}
$$

第一步:最初解决法。最简单的方法是假定染料的浓度,根据式(5-3-6)转换成配方的反射率,与标准色样的反射率比较。基于标准色样的 Y 值设定染料浓度,亦可获得最初配方的近似值。最初解决法减少了计算数量,但是增加了重复法的次数,而且可能无法获得配方,更有效的方法是向量加成法和最小二乘法。计算过程非常复杂,这里不做介绍。

第二步:重复法。由最初解决法计算标准样的反射率的近似值,若没有色变现象,表明此近似值的准确性好。有以下情况时需使用重复法加以改善:

（A）K/S 函数与染料浓度之间呈非线性关系;

（B）三刺激值与染料浓度之间不是线性关系。

重复法是指多次求取染色配方,多次评定色差,直到符合客户的要求。依据标准样与计算机配方样的三刺激值之间的色差而展开,直到求得的两者之间的色差达到客户要求。一般需要重复 2～4 次,大多数计算机允许 7～15 次的重复计算。

（3）预测色变指数及计算配方成本

计算机可同时计算出几种不同照明体下的色差,预测光源改变时样品的色差变化,即同色异谱指数,以预测总的配色效果,还可根据输入的染料单价算出配方成本。

2. 成组配色

根据染料厂家提供的染色组合,并结合印染企业的实际生产经验,确定最优良的染料组合,使用"基础数据库"模块建成"染料组"进行配色。采用这种方式可以更好地利用不断积累的染料拼混时的相互作用信息,计算出更准确的预报配方,使计算效率大大提高。

3. 智能配色——配方寻找

各厂在日常染色生产中积累了大量的配方和技术资料,包括实际色样、染色配方、使用助剂、工艺条件和加工日期等。这些技术资料往往以档案的形式由人工管理,使用查找均不方便,色样也易于污染和变色,时间一长,可靠性降低。再加上基础数据库是由各种染料单独染色而建立的,仅能代表单种染料的上染规律,不能反映染料间相互作用而产生的影响。实际生产过程中,大多数色样的颜色是由两种、三种或更多种染料拼混而产生的。单色染料与该染料拼色时在上染性能上存在偏差,若直接使用基础数据库中的数据进行配色,系统给出的配方准确率很低。因此,有必要对工厂长期积累的实物色样进行测色,将其实际配方存入电脑,形成颜色配方库,便于日后需要时在配方库中寻找与标准样类似的颜色配方。

4. 手调配色

手调配色俗称"计算机打样",综合利用操作人员的实际染色经验与计算机储存的染料基础数据获取配方,是对自动配色的一种补充。利用手调配色程序,操作人员可以凭经验手动输入颜色配方,或对自动配色给出的配方进行改动。有时,二拼色的配方显示色差较大,这也许是因为自动配色程序未逼近最佳配方时运算即告结束,可运用手调配色程序进行调整,以取得更好的效果。在手调试配过程中,随时可以看到根据输入配方算出的色样与标准样的理论色差、反射率曲线的差异,颜色仿真则更直观地显示两者的差距,便于指导操作人员如何进一步调整配方。

操作人员应了解各种颜色的染料的反射率曲线。

共性——增大染色浓度,反射率减小,色样变深;减小染色浓度,反射率增大,色样变浅。

特性——具体到某一条曲线,反射率最小处,即最大吸收波长处,反映颜色的特征:黄色,400～440 nm;橙色,440～480 nm;红色,500～520 nm;棕色,420～580 nm;紫色,540～600 nm;蓝色,600～640 nm;绿色有两处吸收,400～420 nm 和 600～640 nm;灰色、黑色无特征吸收。

手调配色对于两种染料拼色和相近色拼色有较大意义,一是,将两种染料进行拼色时,人们容易调出配方;二是,由于自动配色是机械的数学运算,常常计算不出配方,因此手调配色在这种情况下可作为补充措施。手调配色的另一作用是,人们可用已知配方的染样检验基础数据库的准确性。

（四）配色处方的选择

对预报配方进行选择时,应根据客户要求,并综合考虑染料的配伍性、色差、配方成本及染料库存、染色牢度等因素,选择适宜的染色配方,然后在规定的染色条件下进行试染。

1. 从经济角度考虑

应选择配方成本最低、染料染色牢度一致、色差和同色异谱指数最小的配方。选用的配方在各照明体下的色差,最大不要超过表 5-3-2 所示范围。

表 5-3-2　配方在各照明条件下的色差范围

项目	二拼色	三拼色	项目	二拼色	三拼色
ΔE_{D65}	<1.0	<0.5	ΔE_{CWF}	<1.5	<1.0
ΔE_A	<1.5	<1.0	PMI	<7.5	<4.5

一般来说,$\Delta E_{D65} \leqslant 1$ 就能满足配色要求。因此,选择配方时,要选择色差小于 1 的配方。

(五) 混纺织物的配色

1. 不考虑沾色的配色方法

以涤棉混纺织物(涤占 40%,棉占 60%)为例,说明混纺织物的配色过程。

(1)制作纯涤纶织物和纯棉织物的基础色样,分别由分光光度仪测定其反射率,并输入电脑。

(2)将客户来样与待染的混纺织物的反射率输入电脑。

(3)电脑依据资料计算出染 100% 涤纶纤维的配方与染 100% 棉纤维的配方。

(4)将染纯涤纶纤维的染料用量的 40% 与染纯棉纤维的染料用量的 60% 作为试染配方,对涤/棉混纺织物进行染色。

(5)试染织物包括待染的混纺织物、一块只剩余棉纤维(涤纶纤维通过溶剂处理掉)的织物及另一块只剩余涤纶纤维(棉纤维被溶解去除)的织物。

(6)如果试染的混纺织物的颜色符合客户要求,则试染配方就是待染混纺织物的配方。

(7)如果试染的混纺织物的颜色不符合客户要求,比较仅含棉纤维的织物与客户来样的颜色,若不符合,由计算机进行修色。

(8)经修色后的配方即为试染的配方,如此继续步骤(5)~(8)可得到染混纺织物的配方。

2. 考虑沾色的配色方法

混纺织物的配色,并不是单纯地对两种纤维分别求出配方,这会造成不可接受的误差。因为用甲组分染料染甲组分纤维时,对乙组分纤维有沾色现象;反之亦然。另外,由于另一种纤维的存在,无法准确地得到某一单组分纤维的染料基础数据。

(1)混纺织物配色的三种方法

① 校正系数法。这是一种简单的经验方法,其最突出的优点是可以使用纯纺织物染色得到的基础数据库,将沾色和染色过程中的误差归并为一个校正系数,但不是很准确,所以不推荐使用。

② 模拟沾色法。用一种染料对两种单组分纤维织物同浴进行染色,模拟甲组分染料对乙组分纤维的沾色,由此获得甲组分染料对乙组分纤维和乙组分染料对甲组分纤维的沾色基础数据,共形成四套基础数据:甲组分纤维/甲组分染料的上染数据,乙组分纤维/乙组分染料的上染数据,甲组分纤维/乙组分染料的沾色数据,乙组分纤维/甲组分染料的沾色数据。在此基础上进行配色,可提高配色的准确性。

③ 溶解法。用化学方法溶去染色后的混纺织物基础色样中的一个纤维组分。例如,将分

散染料染出的涤/棉混纺织物基础色样分成两份,一份用 70% 硫酸溶去棉组分,可得到分散染料对涤纤维的上染基础数据;另一份用适当溶剂(溶剂可采用三氯乙酸＋氯仿的混合物或六氟异丙醇)溶去涤组分,可得到分散染料对棉组分的沾色基础数据。同理,可以获得棉用染料对棉组分的上染基础数据及棉用染料对涤组分的沾色基础数据。此法仅用于研究工作。

(2) 混纺配色织物实际应用的方法

混纺织物的染料基础数据的浓度分档,其制作方法与纯纺织物基本相同,区别在于,若某种染料对另一种纤维有沾色现象,在染色的同时获取沾色数据,以避免重复劳动。

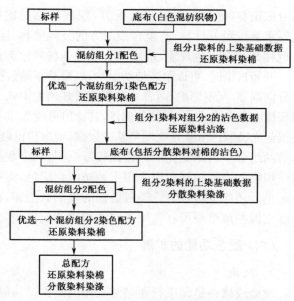

图 5-3-2　分散/还原染料染涤/棉混纺织物的配色过程

以分散/还原染料染涤/棉混纺织物为例(图 5-3-2),二组分混纺织物配色理论上需使用四个基础数据库:

还原染料染棉→纯棉纤维染色基础数据;

分散染料染涤→纯涤纤维染色基础数据;

分散染料沾棉→纯棉纤维沾色基础数据;

还原染料沾涤→纯涤纤维沾色基础数据。

如果某一纤维组分被另一纤维组分的染料沾色的现象很轻微,可以不建立该纤维组分的沾色基础数据。例如,分散染料对棉组分的沾色现象很轻,则可以不考虑分散染料对棉的沾色,只建立还原染料对涤纶的沾色数据。还原染料轧染棉布的同时,轧染一块涤/棉混纺织物,烘干后根据不同染色工艺处理:

若染色工艺为两浴两步法,涤/棉混纺织物需经还原汽蒸→皂洗→烘干→酸溶烂棉;

若染色工艺为一浴两步法,涤/棉混纺织物需经热熔→还原汽蒸→皂洗→烘干→酸溶烂棉。

各厂可根据使用习惯自行选择酸溶条件。若酸液浓度低,处理温度可高些;若酸液浓度高,处理温度应降低,以免处理后沾色,导致纯涤变色。表 5-3-3 为推荐的几种酸溶条件。

表 5-3-3　推荐使用的酸溶条件

硫酸浓度(体积比)	50:50	70:30	75:25
温度/℃	60	室温	45
时间/min	20	20~30	10

(3) 混纺织物两组分染料用量比的确定　在混纺织物配色过程中,需输入的一个重要参数是"混纺织物两组分染料用量比"。这个比值不完全等同于两种纤维的混纺比,但可以参照混纺比,主要根据给出配方的染料总量是否与经验掌握的数据相吻合。例如,采用一浴两步法工艺,用分散/还原染料轧染涤/棉(65/35)混纺织物时,分散染料与还原染料的总用量基本相同,多为 1:1~1.2:1。这时对"染料用量比"给定一个数值(如 60:40)进行试配,分别计算

出分散染料、还原染料的预报配方,观察其总量比例是否适当,如比例不当,调整"染料用量比",重新配色并计算,直至预报配方的分散染料、还原染料的总量比符合要求。此外,观察试染色样是否有闪色现象,也可确认两种染料的比例是否合适。

开始试染时,可以附带纯纺织物,以检验基础数据的偏差。"混纺织物两组分染料用量比"可以分别调整,互不影响,两者之和不要求必须为100。例如,活性染料:分散染料=50:80,试染发现棉组分色光吻合,但颜色偏浅,其比值可改为55:80进行重配染液。若颜色深浅适宜,但总是偏蓝光、缺红光,应修改配色基础数据,增加蓝色染料的配色强度,减小红色染料的配色强度。

两组分染料用量比的调整比较复杂,与三个数据库的染料调整系数(配色强度)都有关系。纯纺织物的染料数据库应先用于纯纺织物配色,将染料拼色的基本规律存入数据库,再用于混纺配色。还原染料或活性染料染棉的基础数据库,在纯棉织物配色中应用过关并优化,在配色强度上做些调整便可直接用于混纺织物的配色。

(六)配色功能的扩展

1. 改染

改染或修色是印染行业经常采用的操作。一般来说,对白织物染色,各厂会有许多经验配方供参考。但面对有底色织物的染色,人工配色的难度较大,这时可采用计算机进行配色,在配色模块中将准备改染的织物设置为待套色基材,配出的染色配方就是需要的改染配方。由于改染织物本身有颜色,染料的增量应小于白织物,以降低相对误差,实际使用效果也很好。

2. 连缸染色

有些高档的染色品种,需要松式的染色设备和大浴比染色工艺。染色浴比大,染料和助剂的消耗量增加,加热染浴所消耗的能量增多,污水排放量增大。为了节约能源,或者残液仍有利用价值时,可采用连缸染色。染色残液中各种残余染料的含量,人工检测很难确切得知。利用计算机配色技术,可直接、快速、准确地测得残液中的各种染料量,减少补加染料和助剂的次数,降低缸差并减少回修次数,从而达到降低染化料的消耗、节省能源、降低成本、提高生产效率、减少染色废水排放以及有利环保的目的。

应确定连缸染色过程中多种干扰因素对计算机配色的影响程度,如所用染料间的相互干扰系数、染色后的染料吸收特性曲线发生的变化、蓄积的染色助剂对后缸染色的影响和染色过程中工艺条件的控制等,进一步提高计算机配色的准确率。

 四、任务实施

任务 5-3-1 任务 5-3-2
配方的计算 配方的寻找

根据客户的来样和电脑内存储的相关文件夹,结合基础数据库,对标准样进行配色,预告染色配方和相关染料在不同光源下的"跳灯"(同色异谱)现象,其全过程由计算机完成,计算所用的染料组合时需人工操作。现以活性染料染纯棉织物为例,着重介绍配色及染料筛选过程。

(一)配方计算

在电脑桌面上选择配色软件图标![icon],进入图5-3-3所示界面。

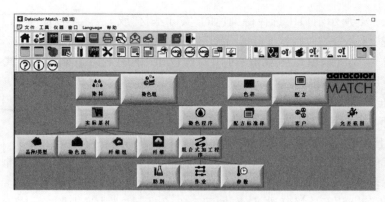

图 5-3-3　配色总视窗

1. 点击图 5-3-3 所示窗口中的"■"按钮，弹出图 5-3-4 所示窗口。

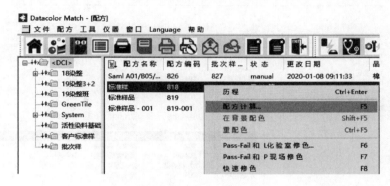

图 5-3-4　配方

2. 在图 5-3-4 所示窗口中右列任意位置处按鼠标右键，选择"配方计算"，弹出图 5-3-5 所示窗口。

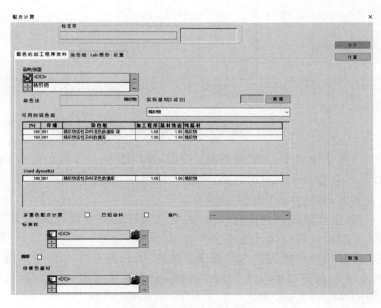

图 5-3-5　配方计算

155

计算机测色配色应用技术

3. 在图5-3-5所示窗口中选择待染色的"实际基材"或者"新增"染色基材。

4. 在图5-3-5所示窗口中双击"可用的染色组"下的"名称",进入使用的染色组。

5. 把"标准样"下面、"<DCI>"左侧的图标点成绿色,输入色样的名称,然后进行测色(建议采用多点测色),将鼠标置于█按钮上点击右键,弹出图5-3-6所示窗口。

F	文 件 夹...	Ctrl+F
B	浏 览	Ctrl+B
I	输 入 格 式...	Ctrl+I
✔	新 代 码	Ctrl+N
M	测 色	Ctrl+M

图 5-3-6 多点测色

6. 如果样布底色不是白色,而是有颜色的底色,在"待套色基材"下方的框中输入待套色基材的名称(测色或取回)。

7. 在"品种/类型"下选择纤维品种,如图5-3-7所示,选中所要配色布样的品种/类型,按" 确 定 "按钮。

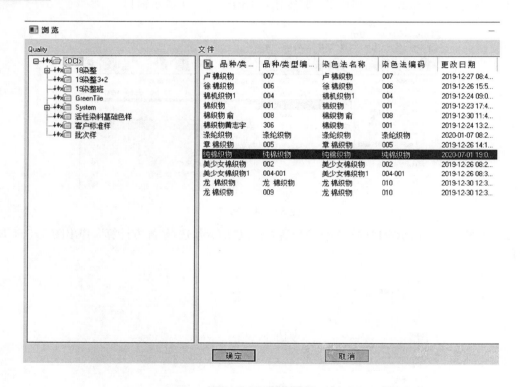

图 5-3-7 浏览基材

8. 在图5-3-5所示窗口中点击"染色组"按钮,弹出图5-3-8所示窗口,在配方所需的染料前的方框中打勾。选好一个染料组合后,可将该组合储存。把"染料组"下面的图标点成绿色,输入染料组合名称,然后点击"保存"按钮。

选择染料应首选生产最成熟的染色组合,再根据实际需要在设定条件下选择合适的染料组合,这样可以大大减少计算时间且提高生产效率。

9. 在图5-3-8所示窗口中点击"Lab 图形"按钮,弹出图5-3-9所示窗口。

10. 在图5-3-9所示窗口中点击"设置"按钮,弹出图5-3-10所示窗口,数值设定后,按"计算"按钮,弹出图5-3-11所示窗口。

156

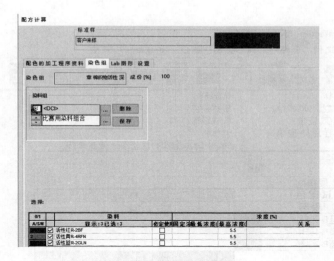

图 5-3-8　配方染料的选择

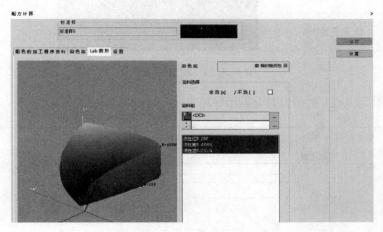

图 5-3-9　Lab 图形

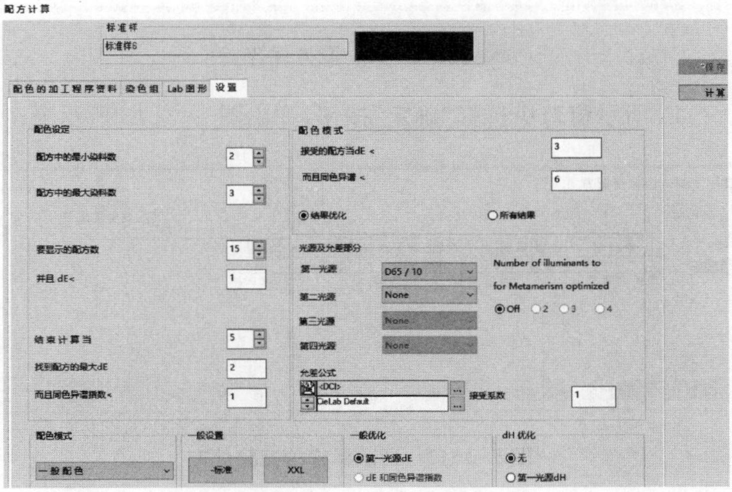

图 5-3-10　光源和允差值设定

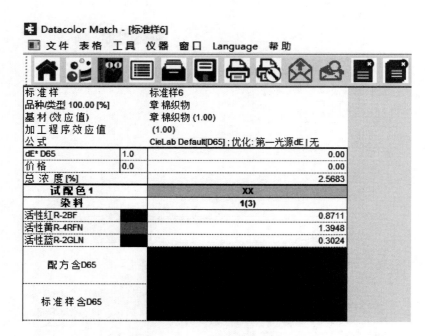

图 5-3-11　配方计算结果

11. 关闭图 5-3-11 所示窗口,弹出图 5-3-12 所示窗口。

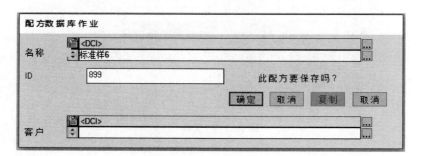

图 5-3-12　配方保存

12. 在图 5-3-12 所示窗口中选择"确定"按钮,弹出图 5-3-13 所示窗口。

图 5-3-13　显示标样的完整处方

13. 在图 5-3-13 所示窗口中选择"结束"按钮,返回图 5-3-3 所示窗口。

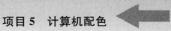

（二）配方寻找

1. 点击图 5-3-3 所示窗口中的""按钮，弹出图 5-3-14 所示窗口。

图 5-3-14　配方寻找

2. 在图 5-3-14 所示窗口中右列处按鼠标右键，选择"配方寻找"，弹出图 5-3-15 所示窗口。

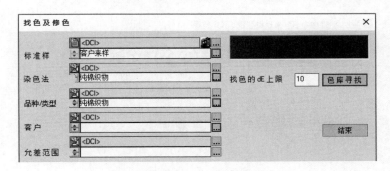

图 5-3-15　色库寻找

3. 将图 5-3-15 所示窗口中"标准样"后面的图标 点成绿色，在绿色图标下面的方框中输入标准样名称并进行测色，或者按"…"浏览按钮找出以前测量过的色样，如图 5-3-16 所示，点击"　确定　"按钮。

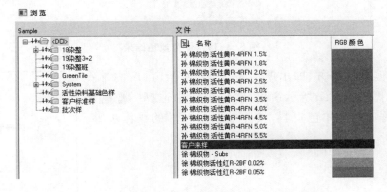

图 5-3-16　浏览色样

4. 在图 5-3-15 所示窗口中"染色法"后面的方框中按"……"浏览按钮,选择具体的染色法,即用何种染料出配方,弹出图 5-3-17 所示窗口,选中所需要的染色法名称,点击"确定"按钮。

图 5-3-17　选择染色法名称

5. 在图 5-3-15 所示窗口中点击"色库寻找"按钮,如果有符合条件的配方资料,即弹出图 5-3-18 所示窗口;如果显示的配方不止一个,请选择色差较小和变灯最小的,然后用左键选中所选的配方,再按右键,即弹出图 5-3-19 所示窗口。

图 5-3-18　找色结果

图 5-3-19　保存找色结果

如果没有匹配的处方,即出现图 5-3-20 所示窗口,按"确定"按钮,弹出图 5-3-21 所示窗口,在该窗口中选择"配色"按钮,利用数据库中的单色资料,按照"配方计算"的操作步骤进行。

图 5-3-20　无找色结果

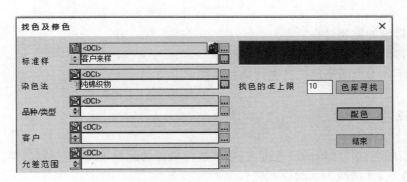

图 5-3-21　计算机自动配色

【复习指导】

1. 计算机配色有三种方法：

(1) 色号归档检索法，是在特定条件下比较简单和有一定用途的一种方法，需要长时间的积累，并不断地完善。但在实际应用时，常常不容易找到所需要的配方。

(2) 反射光谱匹配法，是一种要求染出的试样与标准样的分光反射率曲线完全相同的配色方法，即无条件等色匹配。在实际生产中，由于企业所使用的材料、染料、助剂、工艺条件等不可能与标准样染色使用的完全一致，所以，多数情况下很难达到理想的效果。

(3) 三刺激值匹配法，是指在约定条件下，使染得的色样与标准样的三刺激值相等，从而达到匹配的目的。这是目前生产中普遍应用的方法。

2. 三刺激值匹配法以孟塞尔卡—蒙克函数为染色配方预测的理论基础，需要指出的是，K/S 函数与染色浓度之间的线性关系并不是很好，给配方的预测带来一定麻烦。

3. 用分光光度仪测试标准样，并利用配方计算或配方寻找程序获取染色配方。

【思考题】

1. 计算机配色可分几种方式？各有什么特点？
2. 计算机配色时，配色软件数据库中需要哪些必要资料？配色基础资料包括哪些内容？
3. 简述计算机配色的基本理论。
4. 实现计算机配色需要哪些条件？
5. 配色处方选取的原则有哪些？
6. 配色处方的求取有哪几种方法？各有什么特点？

任务 5-4　染液配制、自动滴液与小样染色

【知识目标】

1. 母液配制的要点
2. 自动滴液的相关要点

【技能目标】
1. 学会母液的配制过程
2. 学会自动滴液操作
3. 按照不同类型的染色工艺进行染色操作

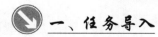一、任务导入

根据电脑配色软件求取的染色配方,需要进行染液的配制,并进行小样试染。如何进行染液的配制与染色,才能减少实验误差呢?

二、任务分析

在没有母液调制机、自动滴液机的情况下,需要人工进行母液的配制和手动吸取配制染液。手工配液存在人与人之间的操作误差,即使同一个染色处方,不同的人进行染色操作,会得出不同的染色结果。为了减少人为操作带来的误差,在具备母液调制机与自动滴液机的条件下,都采用仪器来完成,为此需学习相关的知识和操作技能。

三、相关知识链接

在20世纪后期,出现了自动配液系统,由母液调制机、磁力搅拌装置、电脑、自动滴液机和空压机等组成。自动配液系统的采用可以大大减轻打样人员的劳动强度,减少因人为的称量、研磨等因素造成的误差,提高色样的准确性。

(一)母液调制机

采用母液调制机配制染料和助剂母液,相当方便,仪器会根据所加入染料或助剂的量自动加入所需水量,达到设定的配制浓度。

1. 溶液浓度表示方法

(1)质量浓度 溶液中染料(或助剂)的质量除以溶液的体积,称为染料(助剂)的质量浓度,单位为"g/L"。

(2)质量分数 溶液中染料(或助剂)的质量除以溶液的总质量,称为染料(助剂)的质量分数,用百分数表示。

2. Datacolor Solution Maker AutoLab SM 母液调制机

Datacolor Solution Maker AutoLab SM 母液调制机保证化验室滴液机中使用的染液的浓度精确和稳定。SM 母液调制系统(图5-4-1)是为 Datacolor Laboratory Dispenser

图 5-4-1　**Datacolor Solution Maker AutoLab SM** 母液调制机

AutoLab 72 滴料系统提供所需的母液。该系统有两个主要窗口，即基础资料管理员""和母液运行机台"　"。

该母液调制机配有 5 L 的热水箱，水箱可自动加热，在调液过程中可设定热水的温度，在机器的控制面板上可设定化料所需热水的温度，可以自动补充母液配制时所使用的热水；同时配有 2 L 的冷水箱，可以自动补充冷水；配有 6 位搅拌器，以充分搅拌染液，使染料充分溶解；还配备了电子秤，其精度达 0.01 g。SM 母液配制机的主要功能是根据设定的不同染料浓度配制滴液系统所需要的母液，称量误差在 0.01 g/L 以内。

(二) 滴液机

1. Datacolor Laboratory Dispenser AutoLab 72 滴料系统

该系统(图 5-4-2)是根据配方管理员输入的计算机测配色系统给出的配方，滴出所需的染液，再进行打样，大大提高了打样速度，减少了因人为称量误差而造成的浪费，也减轻了劳动强度。该系统有两个主要窗口，即配方管理员和滴液机运行机台。

该滴料系统通过天平和排液时间来控制滴液量，有四种主要功能：①搅拌功能，可防止浓度较高时染料沉淀；②方便、清楚地存储配方；③准确、及时地提供滴液报表；④自动排液功能。

图 5-4-2　Datacolor Laboratory Dispenser AutoLab 72 自动滴液机

2. Datacolor AutoLab™ TF 无管路自动滴液机

有管路滴液机的滴液速度可能比无管路滴液机快，前者需要相当长的时间进行维护和清洁，因此总工时增加；后者可能需要稍长的时间进行滴液，但节省了维护的时间，而且精确度比较高。Datacolor AutoLab™ TF 自动滴液机(图 5-4-3)具有快速、准确和不需要维护的性能。该系统无管路，使用独立的注射器直接将染料从母液瓶输送至染杯，消除了任何交叉污染的可能性；所有染液均使用质量法计量并滴液，保证了完全的可控制性和可追溯性；滴液前自动抽吸和挤出母液瓶中的染液，使瓶中上下两部分的染液进行交换，保证染液均匀度，确保精密性和重复性；助剂与水的滴液可以同时进行，使速度更加快。该系统能自动完成配液的多项工

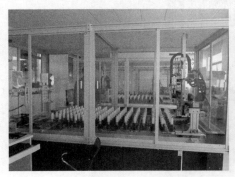

图 5-4-3　Datacolor AutoLab™ TF 无管路自动滴液机

作,打样员有更多的时间处理其他工作,提高生产率。

自动滴液系统可根据需要配制 40、80、88、120、128、160 和 168 杯等数量的染液,同时配备相同数量的注射器。某些型号还配备了助剂瓶,内置滴液天平,同时可滴定多个配方。

该系统有两大特点:一是以注射器取代传统的电磁阀;二是以高科技机械手臂取代管路。以注射器取代传统电磁阀,消除了阀门开闭时阀瓣堵塞的问题和管路内阻塞不易清理的问题。以高科技机械手臂取代管路,消除了管路内沉淀和污染问题,不需要清洁或更换管路,滴液前也不需要排液,可节省 30% 以上的染料母液成本,而且有染料实际存量统计和余量不足警报功能,使染色具有精确性和极佳的再现性。滴液时,目标质量的 95% 用体积法快速进行,剩余的目标质量的 5% 采用天平称重计量,所以既有体积法的快速,又有质量法的高精度。负责染料运输的注射器的精确度达 0.005 mL,再通过天平的精确计量确认,既能迅速、准确地进行滴液计量,又可检查实际计量后的质量,当出现超出预设精度偏差的配方时,电脑会自动报警,提示用户选择"采用"或"放弃"此配方。

(三)小样试染

电脑给出的配方有若干组,按照染料的成本、相容性、匀染性及染色牢度和条件等因素,选择一个小样试染处方,在小样机上打小样。由于计算机配色仅根据统一的计算模型进行计算,其预告处方不能百分之百地一次准确,所以必须打小样。

 四、任务实施

任务 5-4-1　　任务 5-4-2
自动滴液　　滴液机工作
操作　　运行操作

(一)母液调制

1. 开机

打开进水阀→打开总电源开关→打开机台电源开关→打开电脑。

2. 开料

(1)点击桌面上的"基本资料管理员"图标"⚙",弹出图 5-4-4 所示窗口。

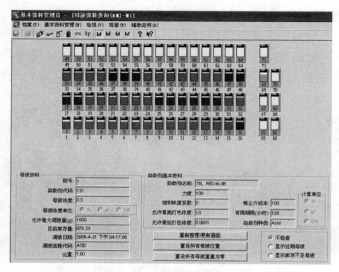

图 5-4-4　输入母液资料(1)

（2）在图 5-4-4 所示窗口中点击染助剂按钮"🔑"，弹出图 5-4-5 所示窗口。

图 5-4-5　输入母液资料(2)

在图 5-4-5 所示窗口中点击"新增(N)"按钮，弹出图 5-4-6 所示窗口；输入染助剂的代码，点击"确定"，输入资料（染助剂名称、染助剂种类、计算单位、允许打样浓度、有效期限、力度和成本）；点击"颜色"，选择相应颜色，点击"存档(S)"按钮，弹出图 5-4-7 所示窗口；输入密码"admin"，点击"确定"按钮，弹出图 5-4-6 所示窗口。重复以上操作至所需资料输完，点击"取消"。

图 5-4-6　输入母液资料(3)

图 5-4-7　输入母液资料(4)

（3）在图 5-4-4 所示窗口中点击调液流程按钮"🗄"，弹出图 5-4-8 所示窗口。

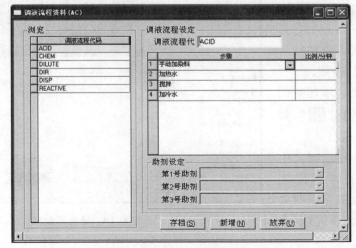

图 5-4-8　输入母液资料(5)

165

在图 5-4-8 所示窗口中点击"新增(N)"按钮,弹出图 5-4-6 所示窗口;输入调液流程的代码,在"步骤"下输入相应的调液流程(要注意输入冷热水的比例、搅拌时间、热水温度等),点击"存档(S)"按钮,弹出图 5-4-7 所示窗口;输入密码"admin",点击"确定"按钮,弹出图 5-4-6 所示窗口。重复以上操作至所需资料输入完成,点击"取消"按钮。

(4) 在图 5-4-4 所示窗口中点击母液资料按钮"📷",弹出图 5-4-9 所示窗口。

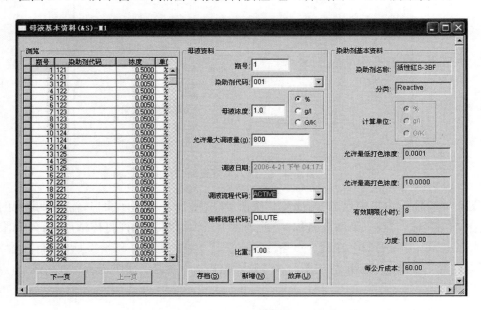

图 5-4-9 输入母液资料(6)

在图 5-4-9 所示窗口中点击"新增(N)"按钮,弹出图 5-4-6 所示窗口;输入母液资料的瓶号,点击"确定"(或者直接在瓶号的位置输入瓶号);选出染助剂的代码,输入所配母液的浓度,选择母液浓度单位(%或 g/L),选择"调液流程"和"稀释流程",点击"存档(S)"按钮,弹出图5-4-7 所示窗口;输入密码"admin",点击"确定"按钮,弹出图 5-4-6 所示窗口。重复以上操作至所需资料输入完成,点击"放弃(U)"按钮。

(5) 点击电脑显示器桌面上的"运行机台"图标"🖥",弹出图 5-4-10 所示窗口。

在图 5-4-10 所示窗口中选择"电磁阀校正",弹出图 5-4-11 所示窗口;将母液瓶放置在天平上,直至校正完成,弹

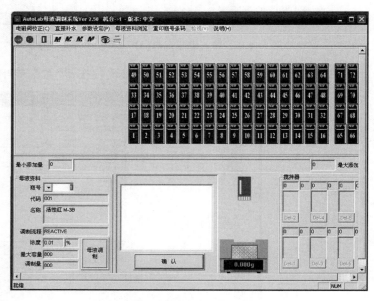

图 5-4-10 母液调制(1)

出图 5-4-12 所示窗口;选瓶号,点击图 5-4-10 所示窗口中的"母液调制"按钮,弹出图 5-4-13 所示窗口;输入母液所需调制总量,点击"确定"按钮,返回图 5-4-11 所示窗口;放置母液瓶至天平上,弹出图 5-4-14 所示窗口;手动加入染料,按"确定"按钮,仪器自动加热水,热水加完后,弹出图 5-4-15 所示窗口;搅拌完成后,弹出图 5-4-16 所示窗口;将母液瓶放回天平上,仪器自动加冷水,冷水加完后,弹出图 5-4-17 所示窗口,然后点"母液调制"按钮。重复以上操作,直至所有瓶配制完成。

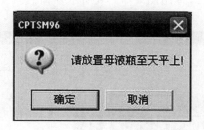

图 5-4-11　母液调制(2)

图 5-4-12　母液调制(3)

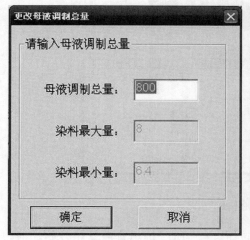

图 5-4-13　母液调制(4)

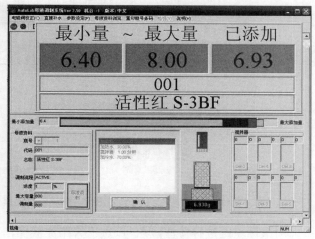

图 5-4-14　母液调制(5)

图 5-4-15　母液调制(6)

图 5-4-16　母液调制(7)

图 5-4-17　母液调制(8)

3. 关机

和开机流程相反。

167

（二）自动滴液

1. 开机

打开水阀→打开空压机→ 将染杯放入滴液台→ 打开总电源开关→ 打开机台电源开关→
打开电脑。

2. 滴液

（1）点击电脑桌面上的自动滴液图标""，弹出图5-4-18所示窗口。

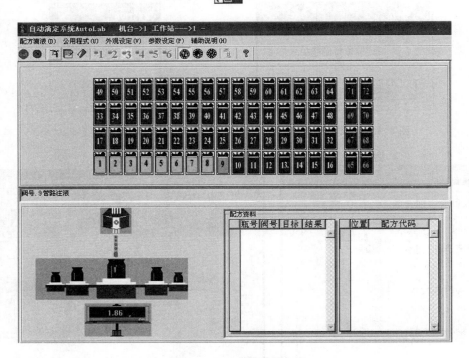

图5-4-18　自动滴液(1)

用鼠标左键选择待注液瓶号，点击管路注液操作按钮"▣"，听到提示音后管路开始注液，
注液完毕，即弹出图5-4-19所示窗口，点击"　确定　"按钮；用鼠标左键再次选择已经注液的
瓶号，点击电磁阀校正按钮"▣"，开始自动校正电磁阀，校正完毕，弹出图5-4-20所示窗口，
点击"　确定　"按钮。

图5-4-19　自动滴液(2)

图5-4-20　自动滴液(3)

（2）点击配方管理员图标"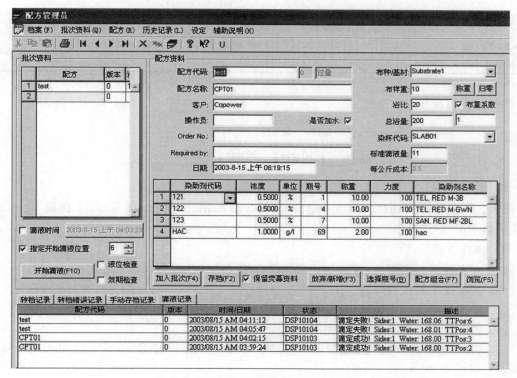"，弹出图 5-4-21 所示窗口。

图 5-4-21　自动滴液(4)

点击"放弃/新增(F3)"按钮，输入相应资料（配方代码、配方名称、客户、布样质量、浴比等）；点击"染助剂代码"下面的按钮"▾"，选择已输入的配方代码，点击"存档(F2)"，点击"加入批次(F4)"。重复以上操作直至配方资料输入完成，选择"指定开始滴液位置"，点击"开始滴液(F10)"，直至滴液完成，弹出图 5-4-22 所示窗口。

3. 管路排液

在图 5-4-18 所示窗口中，选中待排液的瓶号，将对应瓶号管路放入机器的水槽，点击管路排液按钮"✏"，直至排液完成，弹出图 5-4-23 所示窗口。

4. 关机

关闭电脑→关闭机台电源开关→关闭总电源开关→关闭进水阀→关闭空压机。

图 5-4-22　自动滴液(5)

图 5-4-23　管路排液

（三）活性染料染色工艺

1. 活性染料染色处方

活性染料染色参考处方见表 5-4-1。

表 5-4-1　活性染料染色处方参照表

助剂种类	染料用量/%(owf)													
	0.005	0.01	0.05	0.1	0.25	0.5	1	2	3	4	5	6	7	8
元明粉用量/(g·L⁻¹)	20	20	20	20	20	20	30	40	45	50	50	55	55	55
纯碱用量/(g·L⁻¹)	10	10	10	10	10	10	13	15	20	20	20	25	25	25

注:织物 2 g,浴比 1∶50。

2. 工艺曲线

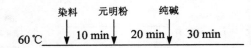

3. 工艺流程

60 ℃染色→60 ℃固色→水洗→皂洗(皂粉 2 g/L,浴比 1∶50,85~95 ℃,保温 10 min)→水洗→烘干。

4. 操作步骤

(1) 对来样进行测配色,求取与标准样颜色相同的染色配方。

(2) 按所选染料配置母液。

(3) 采用自动滴液系统滴出所需染液。

(4) 将染杯置于水浴中,加热至染色规定的温度。

(5) 将预先用温水(40 ℃)浸湿的织物挤干后投入染浴中,染色 10 min 后加入元明粉(分批加入),继续染 20 min。

(6) 将试样取出,在染浴中加入碱剂,搅拌均匀后将试样再次放入染浴中,固色 30 min。

(7) 染毕取出色样,经水洗、皂洗(85~95 ℃，10 min)、水洗、熨干。

(8) 将所染试样与来样进行对比,判断合格与否,如不合格,利用配方修正程序对配方进行修正,然后再染色,直到产品满足客户要求。

5. 注意事项

(1) 染色时,每隔 2~3 min 将织物翻动一次,以利于匀染。

(2) 加入元明粉和纯碱后需搅拌均匀。

(3) 每块染色样必须单独进行后处理。

【复习指导】

1. 可以采用母液调制机和自动滴液机进行染液的配制,以消除人工配液所造成的误差。

2. 母液调制机包括基础资料管理员和母液运行机台两个主要窗口,该母液调制软件所需的资料包括染助剂、调液流程、母液资料等,还配有自动搅拌装置,使配液均匀。

3. 自动滴液机包括配方管理员及滴液机运行机台两个主要窗口,分有管路和无管路两种类型。

【练习题】

1. 根据染色配方所需的染料,进行母液的调制。

2. 利用自动滴液机和所配制的母液,滴出染液。

3. 按照染色工艺进行染色操作。

（以上练习写出实验报告）

任务 5-5　色差评定与配方修正

【知识目标】

1. 了解电脑修色的方法
2. 了解修色时可产生的几种修色配方
3. 掌握选择修色配方的依据

【技能目标】

1. 能够对批次样与标准样进行色差评定，并根据测量结果指出配方修正的方向
2. 能利用配色软件中的修正程序对不合格的批次样进行配方修正

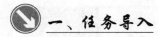

一、任务导入

利用经过配方计算而得到的染色配方进行染色，采用测色配色仪测量批次样与标准样之间的色差，以确认能否达到客户的要求。如果发现批次样和标准样的颜色有一定的差距，即不能满足客户要求，应重新打样，直到符合客户的要求。

二、任务分析

计算机配色涉及许多方面，影响因素比较多，不可能一次成功。因此，需对配方进行修正。计算机配色软件一般附有配方修正程序，由此可以调出与标准样颜色更接近的配方。

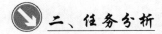

三、相关知识链接

计算机配色属光学理论的应用问题，在实际染色中，由于染料配合而产生的染料相互作用，通常以配色误差的方式出现。将这些误差在计算机配色的计算阶段进行修正，需要庞大而有规律并经过整理的实验室数据，不但程序很长而且文件很庞大，并非一般计算机能够胜任。试染的目的就是对计算机配色处方进行检验，若试染样品的色差超出允许范围，就有必要进行修正。

电脑修色有实验室修色、现场修色及快速修色三种方法，这里重点介绍实验室修色。修色时会产生精明配色、加（减）配方与乘（除）配方等修色配方。根据实际经验，如确定精明数据库内的经验值正确时，应优先选择精明配色配方作为修色配方；如确定精明数据库内的经验值不正确或无经验值时，可参考下列判定状况进行选择：

（1）PF 值（Percentage Factor，批次样处方的染料浓度与标准样处方的染料浓度的比值）为 0.5~1.5，或目视染出样与标准样的差异很小时，可选用加（减）法配方作为修色配方。

（2）PF 值小于 0.5 或大于 1.5，或目视染出样与标准样的差异很大时，可选用乘（除）配方

计算机测色配色应用技术

作为修色配方。

 四、任务实施

任务 5-5
配方修色
操作

将试染样再一次进行测色,然后调用修正程序,输入试染的染料及浓度后,计算机配色系统会立即输出修正后的浓度,一般修正 1～2 次即可。

(一) 化验室修色及配方选择

点击电脑桌面上的配色软件图标"",弹出图 5-5-1 所示窗口。

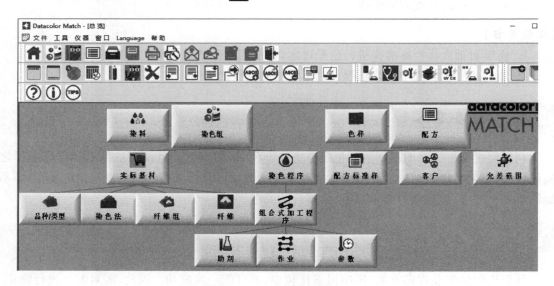

图 5-5-1　配色软件总窗口

1. 在图 5-5-1 所示窗口中选择""按钮,弹出图 5-5-2 所示窗口。

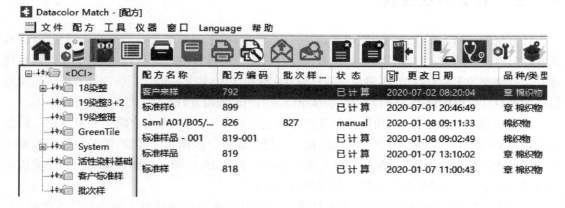

图 5-5-2　配方修正(1)

2. 在图 5-5-2 所示窗口右侧任何一个位置按鼠标右键,弹出图 5-5-3 所示窗口。

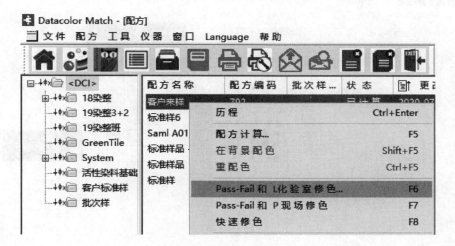

图 5-5-3　配方修正(2)

3. 在图 5-5-3 所示窗口中选择"Pass-Fail 和 L 化验室修色",弹出图 5-5-4 所示窗口。

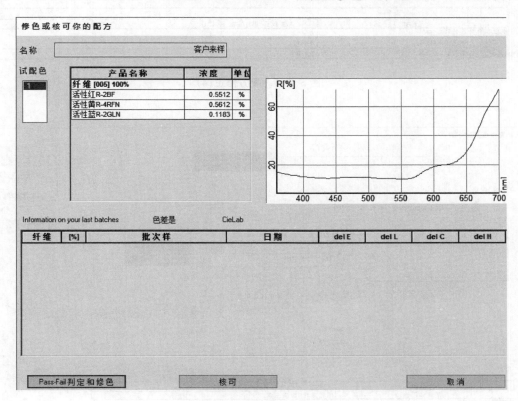

图 5-5-4　配方修正(3)

4. 点击图 5-5-4 所示窗口中的"Pass-Fail判定和修色"按钮,弹出图 5-5-5 所示窗口,点击其中"📷"按钮进行测色,测色后如图 5-5-6 所示。

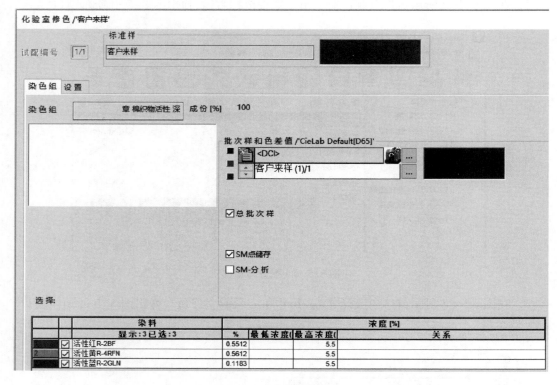

图 5-5-5　配方修正(4)

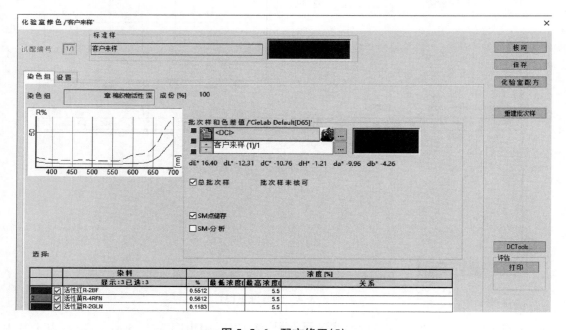

图 5-5-6　配方修正(5)

5. 点击图 5-5-6 所示窗口中的"化验室配方"按钮,弹出图 5-5-7 所示窗口。

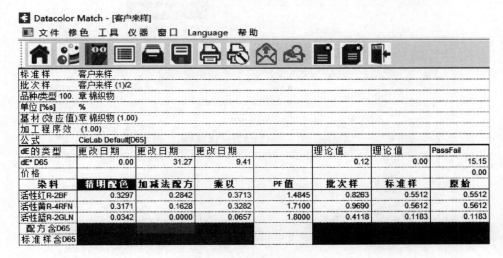

图 5-5-7　配方修正(6)

【注】当标准样和所找到的配方色差不大时选用"加减法"的修方。

当标准样和所找到的配方色差较大时选用"乘以法"的修方。

当有精明配方(第一种修方),可优先选用此法进行修方。

最右侧的原始配方即为先前录入的已知配方。

(二)用已知配方修色

1. 在图 5-5-3 所示窗口中,选择要修色的标准样,按鼠标右键,弹出图 5-5-8 所示窗口。

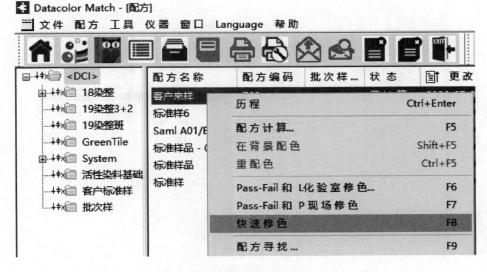

图 5-5-8　快速修色(1)

2. 在图 5-5-8 所示的窗口中,选择"快速修色",弹出图 5-5-9 所示窗口。

175

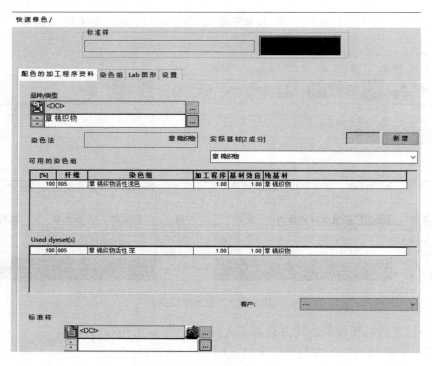

图 5-5-9　快速修色(2)

3. 输入配色的加工程序资料

（1）在图 5-5-9 所示窗口中选择"品种/类型"，点击浏览按钮<u>...</u>，弹出图 5-5-10 所示窗口，选择所用的品种/类型的名称，点击"　确　定　"按钮。

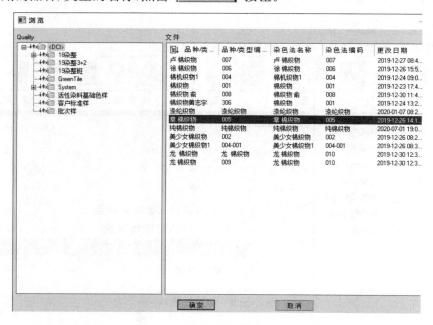

图 5-5-10　快速修色(3)

（2）在图 5-5-9 所示窗口中选择"实际基材"的类型。

（3）在图 5-5-9 所示窗口中选择需要使用的染色组，在"可用的染色组"和"使用的染色组"位置双击染色组的名称，可相互交换位置。

（4）将图 5-5-9 所示窗口中左下角、"标准样"下方、"<DCI>"左边的图标点成绿色，输入标准样的名称并进行测色或者从颜色库中取回以前测量过的色样，弹出图 5-5-11 所示窗口，选择所要修色的色样，点击" 确　定 "按钮。

图 5-5-11　快速修色(4)

4. 在图 5-5-9 所示窗口中点击" 染色组 "按钮，弹出图 5-5-12 所示窗口，在配方所需的染料前的方框中打勾。

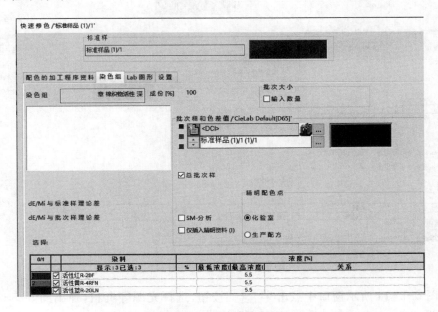

图 5-5-12　快速修色(5)

5. 在图 5-5-12 所示窗口中点击"Lab 图 形"按钮,弹出图 5-5-13 所示窗口,再点击图 5-5-12 所示窗口中的"染色组",染料将排在一起,输入批次样配方,进行测色,或者从色样库中取回,弹出图 5-5-14 所示窗口。

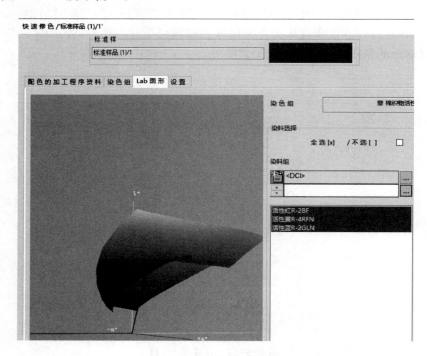

图 5-5-13　快速修色(6)

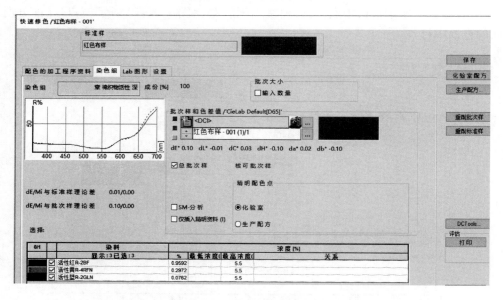

图 5-5-14　快速修色(7)

6. 在图 5-5-14 所示窗口中点击"设 置"按钮,选择光源等资料,弹出图 5-5-15 所示窗口,相关值设定后,点击"化 验 室 配 方"按钮,弹出图 5-5-16 所示窗口。

178

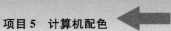

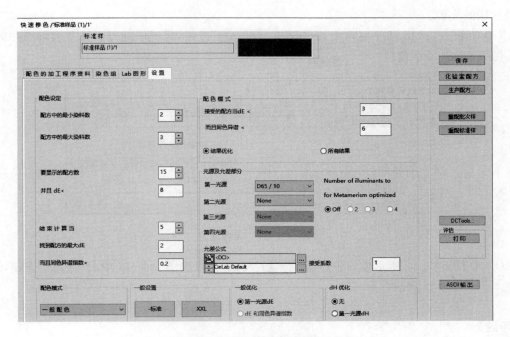

图 5-5-15　快速修色(8)

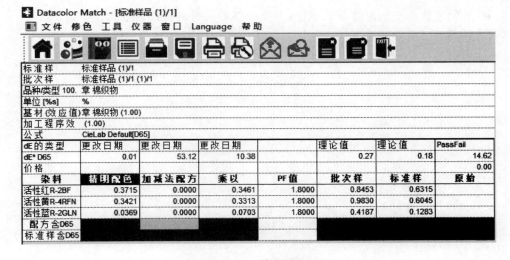

图 5-5-16　快速修色(9)

7. 将已知配方存入配方库

(1) 将图 5-5-9 所示窗口中"标准样"下方、"<DCI>"左边的图标点绿,在其下方的方框中输入试样的名称(已经确认后的布样),然后进行测色或从系统中取回。

(2) 在"品种/类型"和"使用的染色组"项下选择相应的资料,注意选对布类(基材)。

(3) 在图 5-5-14 所示窗口中"染色组"下面的框中,选择染料并输入配方,将此标准样作为批次样再次测量,电脑将显示很小的色差值。

(4) 在图 5-5-14 所示窗口中点击"设置"按钮,弹出 5-5-15 所示窗口,建议此处选择四

179

种最常用的光源。

（5）在图 5-5-15 所示窗口中，直接按"[≥ 保 存]"按钮，将提供配方名称及编码等并保存，弹出图 5-5-17 所示窗口。

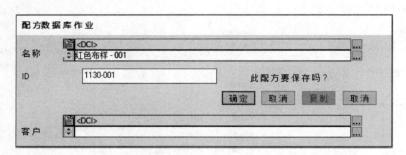

图 5-5-17　保存配方

（6）在图 5-5-17 所示窗口中点击"[Ⅰ确 定Ⅰ]"按钮，再点击图 5-5-14 中的"[取 消]"按钮，退出程序。

【练习题】

1. 利用测色软件对染出的样品和标准样进行色差的评定，并根据测量结果，指明染色处方的调整方向。

2. 利用配色软件中的配方修正程序，对不合格的染样进行配方修正。

（以上两题写出实验报告）

 项目 6

利用 E-mail 传输 qtx 文档与文本文档等色样档案

┌ 项目目标

　　在全球任何地方的两个企业之间，为了增强市场的快速反应能力，通过打电话、发传真、发 E-mail 等方式告知对方所需颜色的代号，加工方就可以在自己所在的企业进行打样、生产，利用测色配色仪进行颜色确认，而无需将样品相互邮寄，这样就可以大大缩短交货时间，优先抢占有利的市场。该项目主要介绍如何利用电脑发送 E-mail 来传输 qtx 和文本文档等色样档案。

 一、任务导入与分析

　　现收到一个外商的 qtx 文档订单，如何将企业里的打样员染出的的颜色样品，通过发 E-mail 的方式传递给客户，以确认订单呢？利用测色配色仪的数据传递功能可完成此任务。

二、任务实施

（一）qtx 文件的导入

任务 6
qtx 文档的
导入和导出

在软件功能栏中，有以下三个功能：

导入桌面：可以选中客户给予的 QTX 文档，导入颜色样。

导出桌面：可以将你 TOOLS 桌面上所有的标样和批样一起导出，一般不建议使用此功能将桌面所有数据导出给客户，而是使用下面按钮。

导出当前标样/批样：导出你当前选中的标样以及他所有批样。

1. 用户可以自定义主菜单显示的选项，在图 6-1 所示窗口中，点击"主菜单"左侧的"▼"按钮，弹出图 6-2 所示窗口，选择"主菜单按钮选项"，弹出图 6-3 所示窗口。

181

图 6-1　主菜单工具栏

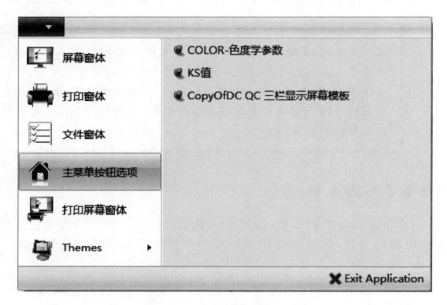

图 6-2　自定义主菜单按钮选项

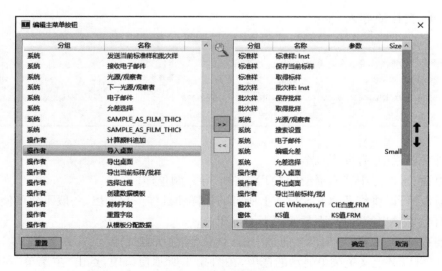

图 6-3　编辑主菜单按钮

2. 在图 6-3 所示的窗口中,选择"导入桌面"按钮,按"**>>**"则弹出图 6-4 所示的窗口,然后按"确定",即可以在工具栏上增加"导入桌面"按钮。

3. 在图 6-5 所示窗口中,选择"导入桌面"按钮,弹出图 6-6 所示窗口,选中所需要的 qtx 文件,点击"打开",则完成 qtx 文件读入标准样颜色,见图 6-7。qtx 文件一般由 E-mail 发送,只能在测色配色软件环境中打开和导入。

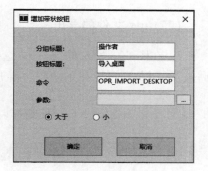

图 6-4　导入桌面按钮

图 6-5　导入或导出桌面工具栏

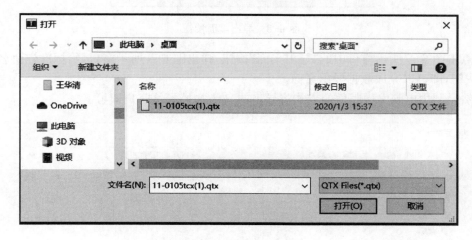

图 6-6　打开 qtx 文件

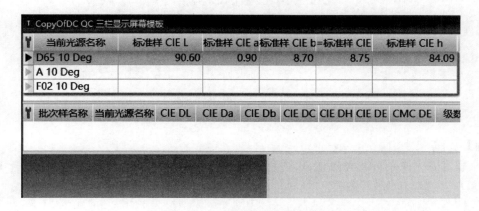

图 6-7　qtx 文件的颜色和数据

183

（二）qtx 文件的导出

1. 在图 6-3 所示的窗口中，选择"导出桌面"按钮，按"**>>**"则弹出图 6-8 所示的窗口，然后按"确定"，即可以在工具栏上增加"导入桌面"按钮。

图 6-8 导出桌面按钮

2. 点击图 6-5 所示窗口中的"导出桌面"按钮，弹出图 6-9 所示窗口，给标准样命名后，按"保存"按钮，即可以完成数据导出桌面。

3. 然后利用电脑发送邮件的方式将导出的.qtx 文档发给客户即可。

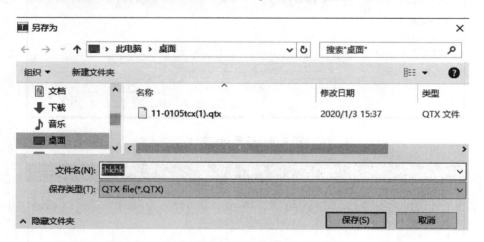

图 6-9 另存为"QTX"文件

【练习题】

能根据客户发来的 qtx 文档订单，进行染色打样，测色后储存为 qtx 文档，并通过 E-mail 传递给客户。

测色配色实训指导书

一、实训目的与要求

（1）学习母液的配制过程。

（2）学习自动滴液操作过程。

（3）对来样进行测色，并利用配色软件求取染色配方。

（4）按照寻求的染色配方，利用数据库中单色样的染色步骤和操作方法进行打样。

（5）对批次样与标准样进行色差等级合格与否的判断。

（6）在染色和测色过程中，操作要严格规范，能保证实验的重现性。

二、测色配色原理

1. 测色原理

主要基于 CIE 1931 - XYZ 表色系统，通过黑、白基准板的校正，测得每种颜色的光谱反射率，进而得出纺织品颜色的三刺激值和色度坐标，并用 CIE CMC 色差公式计算彩度差、色相差、明度差等指标，得到所要求的测试结果。

2. 配色原理

通过对库贝尔卡-蒙克函数（K-M 理论）的一系列推导，给出适用于配色计算的最简函数形式：

$$K/S = [1 - \rho(\lambda)]^2 / 2\rho(\lambda) = k \times c$$

式中：$\rho(\lambda)$ 代表物体的反射率；K 为吸收系数，代表在无限厚的平面介质中，照明光入射后，微元厚度介质层对光的吸收率；S 为散射系数，代表微元厚度介质层对光的散射率。

到目前为止，计算机配色的基本原理仍然沿用 K-M 理论。

根据 CIE 标准色度学系统，任何自然界的颜色均可用光谱三刺激值 X、Y、Z 表示。目前大多数先进的测色仪器都选用这种色度系统，即任何物体的颜色都可用三刺激值 X_{10}、Y_{10}、Z_{10} 表示，计算机配色的原理主要是利用同色异谱原理，即如果两块色样的三刺激值 X_{10}、Y_{10}、Z_{10} 分别相等，则二者视为同色。

3. 拼色原则

（1）染料选用同种类型的进行拼色。

（2）选用染料的染色性能要接近。

（3）拼色用染料要尽可能的少，一般不超过三种。

4. 拼色原理

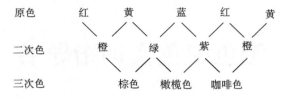

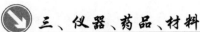 三、仪器、药品、材料

(1) 仪器：Datacolor 测色配色仪、电熨斗、Datacolor 母液调制机、Datacolor 自动滴液机、振荡式染色机、不锈钢杯、搅拌器。
(2) 药品：元明粉、纯碱、皂粉、活性红 S-3RF、活性黄 R-4RFN、活性深兰 2GLN。
(3) 材料：漂白半制品。

 四、实训内容

(一) 单色样的制备

1. 单色样染前准备
(1) 半制品的准备。
纤维基材：纯棉织物。
空白织物：纤维基材织物不加染料，仅使用助剂溶液，以同样的染色条件进行处理而得到的织物。
(2) 预选染料及染料编号。
选用中温型活性染料（闰土化工有限公司），染料编号如下：

活性红 R-2BF   100％
活性黄 R-4BF   100％
活性深蓝 R-2GLN   100％

(3) 染色浓度档的确定。
活性染料染色时，元明粉和纯碱的使用量要根据织物的染色深度而定，也就是染料的上染量与助剂的用量关系非常大，因此，在建立活性染料染色的基础数据库时，要把浅色和中深色数据分开来建立。浅、中、深色的区分界限及加盐和加碱量，视各个企业具体工艺和习惯不同而定。表 1 和表 2 的浓度划分只是参考，大家可以自行设定。

表 1　浅色染料用量表

染料用量/％ (owf)	0.03	0.05	0.08	0.1	0.2	0.3	0.4	0.5	0.6	0.7	0.8	0.9

表 2　深色染料用量表

染料用量/％ (owf)	1.0	1.2	1.5	1.8	2.0	2.5	3.0	3.5	4.0	4.5	5.0	5.5

2. 母液配制与滴液操作过程

见任务 5-4。

3. 染单色样

单色样浓度及元明粉、纯碱用量参照表 3。

表3　单色样浓度及元明粉、纯碱用量参照表

染料用量/%（owf）	≤0.5	0.5～1	1～2	2～3	3～4	>4
元明粉用量/(g·L⁻¹)	20	20～30	30～40	40～45	45～50	60～70
纯碱用量/(g·L⁻¹)	10	10～13	13～15	15～20	20	20

（1）染色处方。参照表 3，制订单色样染色的工艺处方，浅色染色处方见表 4，中深色染色处方见表 5。

表4　浅色染色处方

染料用量/%（owf）	0.03	0.05	0.08	0.1	0.2	0.3	0.4	0.5	0.6	0.7	0.8	0.9
元明粉用量/(g·L⁻¹)	20	20	20	20	20	20	20	20	25	25	25	25
纯碱用量/(g·L⁻¹)	10	10	10	10	10	10	10	10	12	12	12	12

注：织物 2 g，浴比 1∶50。

表5　中深色染色处方

染料用量/%（owf）	1.0	1.2	1.5	1.8	2.0	2.5	3.0	3.5	4.0	4.5	5.0	5.5
元明粉用量/(g·L⁻¹)	30	30	35	35	40	42	45	47	50	55	60	65
纯碱用量/(g·L⁻¹)	13	13	14	14	15	17	20	20	20	20	20	20

注：织物 2 g，浴比 1∶50。

（2）工艺曲线。

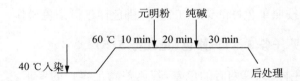

（3）工艺流程。

40 ℃入染 ⟶ 染色（60 ℃，60 min）⟶ 冷水洗 ⟶ 热水洗 ⟶ 皂洗（皂粉用量 2 g/L，浴比1∶50，85 ℃保温 10 min）⟶ 热水洗 ⟶ 冷水洗 ⟶ 烘干。

（4）操作步骤。

① 按所选染料配置母液。

② 用自动滴液系统滴出所需要浓度的染液。

③ 将染杯置于水浴中加热至染色规定的温度。

187

④ 将预先用温水(40 ℃)浸湿的织物挤干后投入染浴中,60 ℃染色 10 min 后加入元明粉,继续染 20 min,将试样取出,在染浴中加入碱剂,搅拌均匀后将试样再放入染浴中固色 30 min。

⑤ 染毕取出色样,进行水洗、皂洗(85 ℃,10 min)、水洗、熨干,留存待测。

(二) 配色用基础数据库的建立

见任务 5-1。

(1) 纤维基材基础数据库的建立。

(2) 染料数据库的建立。

(3) 染色程序的建立。

(4) 单色样的测量与输入。

单色样染好后,利用计算机测色配色仪进行测色,测出其反射率值和 K/S 值并存储于计算机内。

(5) 染色组的建立。

(三) 基础数据库的检验

在制备基础色样的染色过程中,称料、配液、加料顺序、温度、时间、助剂等操作误差会影响打样偏差,必须通过程序提供的某些功能初步检验基础数据的准确性,对异常色样进行修正。若个别染料偏差严重,应重新打样。具体方法有如下三种:

(1) 观察反射率与波长的关系。

(2) 观察 K/S 值与染色浓度 c 的关系。

(3) 利用"配色计算"功能检验基础数据以单色染料某一档浓度的染色样作为标准样,使用电脑中已存储的该染料的基础数据进行配色。

(四) 拼色样的制备

1. 求取染色配方

(1) 配方计算(见任务 5-3)。进行配方计算时,首先要和客户沟通好对色的光源及产品的允差值,把配色条件设置好后,再进行配方计算。

(2) 配方寻找。客户来样后,在电脑数据库中寻找配方,让电脑给出一个比较接近的染色配方,如果找不到配方,再利用配方计算的功能。

2. 拼色样染色。按照单色样的染色工艺,对拼色样进行染色操作。

(五) 色差测量(见任务 3-1)与修色(见任务 5-5)

测量标准样和拼色样,计算两者的色差,若色差满足客户的要求,染色就结束了。若色差较大,要对布样进行修色操作。

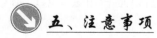 **五、注意事项**

(一) 染色注意事项

(1) 染色前织物要润湿,染色过程中要及时翻动织物,以免染色不匀。

（2）单色样染色工艺基本按照化验室小样工艺进行染色，并尽量与大生产工艺相接近。

（3）加元明粉和碱剂时，要将织物取出，经搅拌均匀后再将织物放入。

（4）每块染色样必须单独进行后处理。

（5）染好的基础色样应分别装入塑料袋中贴上标签保存，以备测量时使用，色样输入计算机测色配色仪存档后可剪开粘贴在记录本上。

（6）要严格按照生产工艺进行，操作要规范，要重视染色细节。

（二）测色注意事项

（1）测色配色仪要打开 30 min 预热稳定后再进行校正和测量。

（2）测量颜色时要保证织物不透光，最好要多折叠几层。

（3）测量要在一定的温湿度环境条件下测量，要求织物在染色烘干后放置一定时间再进行测色。

（4）布样测量时，要区分织物的正反面，要多测几点求平均值。

（5）做好的基础数据库一定要检验，不正确的数据库会使配方误差太大。

（5）将备好的各单色样按照染色浓度梯度在同一台分光光度仪上进行测色，测色时应在不同时间、不同位置上进行多点测色，求取平均值，使测得的基础数据具有良好的重现性。

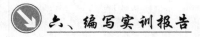

六、编写实训报告

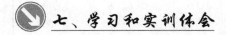

七、学习和实训体会

附　录

附录 I　CIE 1931-RGB 标准色度观察者光谱三刺激值与色度坐标

λ/nm	光谱三刺激值			色度坐标		
	$\bar{r}(\lambda)$	$\bar{g}(\lambda)$	$\bar{b}(\lambda)$	$r(\lambda)$	$g(\lambda)$	$b(\lambda)$
380	0.000 03	−0.000 01	0.001 17	0.027 2	−0.011 5	0.984 3
385	0.000 05	−0.000 02	0.001 89	0.026 8	−0.011 4	0.984 6
390	0.000 10	−0.000 04	0.003 59	0.026 3	−0.011 4	0.985 1
395	0.000 17	−0.000 07	0.006 47	0.025 6	−0.011 3	0.985 7
400	0.000 30	−0.000 14	0.012 14	0.024 7	−0.011 2	0.986 5
405	0.000 47	−0.000 22	0.019 69	0.023 7	−0.011 1	0.987 4
410	0.000 84	−0.000 41	0.037 07	0.022 5	−0.010 9	0.988 4
415	0.001 39	−0.000 70	0.066 37	0.020 7	−0.010 4	0.989 7
420	0.002 11	−0.001 10	0.115 41	0.018 1	−0.009 4	0.991 3
425	0.002 66	−0.001 43	0.185 75	0.014 2	−0.007 6	0.993 4
430	0.002 18	−0.001 19	0.247 69	0.008 8	−0.004 8	0.996 0
435	0.000 36	−0.000 21	0.290 12	0.001 2	−0.000 7	0.999 5
440	−0.002 61	0.001 49	0.312 28	−0.008 4	0.004 8	1.003 6
445	−0.006 73	0.000 379	0.318 60	−0.021 3	0.012 0	1.009 3
450	−0.012 13	0.006 78	0.316 70	−0.039 0	0.021 8	1.017 2
455	−0.018 74	0.010 46	0.311 66	−0.061 8	0.034 5	1.027 3
460	−0.026 08	0.014 85	0.298 21	−0.090 9	0.051 7	1.039 2
465	−0.033 24	0.019 77	0.272 95	−0.128 1	0.076 2	1.051 9
470	−0.039 33	0.025 38	0.229 91	−0.182 1	0.117 5	1.064 6
475	−0.044 71	0.031 83	0.185 92	−0.258 4	0.184 0	1.074 4
480	−0.049 39	0.039 14	0.144 94	−0.366 7	0.290 6	1.076 1
485	−0.053 64	0.047 13	0.109 68	−0.520 0	0.456 8	1.063 2
490	−0.058 14	0.056 89	0.082 57	−0.715 0	0.699 6	1.015 4
495	−0.064 14	0.069 48	0.062 46	−0.945 9	1.024 7	0.921 2
500	−0.071 73	0.085 36	0.047 76	−1.168 5	1.390 5	0.778 0
505	−0.081 20	0.105 93	0.036 88	−1.318 2	1.719 5	0.598 7
510	−0.089 01	0.128 60	0.026 98	−1.337 1	1.931 8	0.405 3
515	−0.093 56	0.152 62	0.018 42	−1.207 6	1.969 9	0.237 7
520	−0.092 64	0.174 68	0.012 21	−0.983 0	1.853 4	0.129 6
525	−0.084 73	0.191 13	0.008 30	−0.738 6	1.666 2	0.072 4
530	−0.071 01	0.203 17	0.005 49	−0.515 9	1.476 1	0.039 8
535	−0.053 16	0.210 83	0.003 20	−0.330 4	1.310 5	0.019 9
540	−0.031 52	0.214 66	0.001 46	−0.170 7	1.162 8	0.007 9
545	−0.006 13	0.214 78	0.000 23	−0.029 3	1.028 2	0.001 1
550	0.022 79	0.211 78	−0.000 58	0.097 4	0.905 1	−0.002 5
555	0.055 14	0.205 88	−0.001 05	0.212 1	0.791 9	−0.004 0
560	0.090 60	0.197 02	−0.001 30	0.316 4	0.688 1	−0.004 5
565	0.128 40	0.185 22	−0.001 38	0.411 2	0.593 2	−0.004 4
570	0.167 68	0.170 87	−0.001 35	0.497 3	0.506 7	−0.004 0

λ/nm	光谱三刺激值			色度坐标		
	$\bar{r}(\lambda)$	$\bar{g}(\lambda)$	$\bar{b}(\lambda)$	$r(\lambda)$	$g(\lambda)$	$b(\lambda)$
575	0. 207 15	0. 154 29	−0. 001 23	0. 575 1	0. 428 3	−0. 003 4
580	0. 245 26	0. 136 10	−0. 001 08	0. 644 9	0. 357 9	−0. 002 8
585	0. 279 89	0. 116 86	−0. 000 93	0. 707 1	0. 295 2	−0. 002 3
590	0. 309 28	0. 097 54	−0. 000 79	0. 761 7	0. 240 2	−0. 001 9
595	0. 331 84	0. 079 09	−0. 000 63	0. 808 7	0. 192 8	−0. 001 5
600	0. 344 29	0. 062 46	−0. 000 49	0. 847 5	0. 153 7	−0. 001 2
605	0. 347 56	0. 047 76	−0. 000 38	0. 880 0	0. 120 9	−0. 000 9
610	0. 339 71	0. 035 57	−0. 000 30	0. 905 9	0. 094 9	−0. 000 8
615	0. 322 65	0. 025 83	−0. 000 22	0. 926 5	0. 074 1	−0. 000 6
620	0. 297 08	0. 018 28	−0. 000 15	0. 942 5	0. 058 0	−0. 000 5
625	0. 263 48	0. 012 53	−0. 000 11	0. 955 0	0. 045 4	−0. 000 4
630	0. 226 77	0. 008 33	−0. 000 08	0. 964 9	0. 035 4	−0. 000 3
635	0. 192 33	0. 005 37	−0. 000 05	0. 973 0	0. 027 2	−0. 000 2
640	0. 159 68	0. 003 34	−0. 000 03	0. 979 7	0. 020 5	−0. 000 2
645	0. 129 05	0. 001 99	−0. 000 02	0. 985 0	0. 015 2	−0. 000 2
650	0. 101 67	0. 001 16	−0. 000 01	0. 988 8	0. 011 3	−0. 000 1
655	0. 078 57	0. 000 66	−0. 000 01	0. 991 8	0. 008 3	−0. 000 1
660	0. 059 32	0. 000 37	0. 000 00	0. 994 0	0. 006 1	−0. 000 1
665	0. 043 66	0. 000 21	0. 000 00	0. 995 4	0. 004 7	−0. 000 1
670	0. 031 49	0. 000 11	0. 000 00	0. 996 6	0. 003 5	−0. 000 1
675	0. 022 94	0. 000 06	0. 000 00	0. 997 5	0. 002 5	0. 000 0
680	0. 016 87	0. 000 03	0. 000 00	0. 998 4	0. 001 6	0. 000 0
685	0. 011 87	0. 000 01	0. 000 00	0. 999 1	0. 000 9	0. 000 0
690	0. 008 19	0. 000 00	0. 000 00	0. 999 6	0. 000 4	0. 000 0
695	0. 005 72	0. 000 00	0. 000 00	0. 999 9	0. 000 1	0. 000 0
700	0. 004 10	0. 000 00	0. 000 00	1. 000 0	0. 000 0	0. 000 0
705	0. 002 91	0. 000 00	0. 000 00	1. 000 0	0. 000 0	0. 000 0
710	0. 002 10	0. 000 00	0. 000 00	1. 000 0	0. 000 0	0. 000 0
715	0. 001 48	0. 000 00	0. 000 00	1. 000 0	0. 000 0	0. 000 0
720	0. 001 05	0. 000 00	0. 000 00	1. 000 0	0. 000 0	0. 000 0
725	0. 000 74	0. 000 00	0. 000 00	1. 000 0	0. 000 0	0. 000 0
730	0. 000 52	0. 000 00	0. 000 00	1. 000 0	0. 000 0	0. 000 0
735	0. 000 36	0. 000 00	0. 000 00	1. 000 0	0. 000 0	0. 000 0
740	0. 000 25	0. 000 00	0. 000 00	1. 000 0	0. 000 0	0. 000 0
745	0. 000 17	0. 000 00	0. 000 00	1. 000 0	0. 000 0	0. 000 0
750	0. 000 12	0. 000 00	0. 000 00	1. 000 0	0. 000 0	0. 000 0
755	0. 000 08	0. 000 00	0. 000 00	1. 000 0	0. 000 0	0. 000 0
760	0. 000 06	0. 000 00	0. 000 00	1. 000 0	0. 000 0	0. 000 0
765	0. 000 04	0. 000 00	0. 000 00	1. 000 0	0. 000 0	0. 000 0
770	0. 000 03	0. 000 00	0. 000 00	1. 000 0	0. 000 0	0. 000 0
775	0. 000 01	0. 000 00	0. 000 00	1. 000 0	0. 000 0	0. 000 0
780	0. 000 00	0. 000 00	0. 000 00	1. 000 0	0. 000 0	0. 000 0

附录Ⅱ　CIE 1931-XYZ标准色度观察者光谱三刺激值与色度坐标

λ/nm	光谱三刺激值			色度坐标		
	$\bar{x}(\lambda)$	$\bar{y}(\lambda)$	$\bar{z}(\lambda)$	$x(\lambda)$	$y(\lambda)$	$z(\lambda)$
380	0.001 4	0.000 0	0.006 5	0.174 1	0.005 0	0.820 9
385	0.002 2	0.000 1	0.010 5	0.174 0	0.005 0	0.821 0
390	0.004 2	0.000 1	0.020 1	0.173 8	0.004 9	0.821 3
395	0.007 6	0.000 2	0.036 2	0.173 6	0.004 9	0.821 5
400	0.014 3	0.000 2	0.067 9	0.173 3	0.004 8	0.821 9
405	0.023 2	0.000 6	0.110 2	0.173 0	0.004 8	0.822 2
410	0.043 5	0.001 2	0.207 4	0.172 6	0.004 8	0.822 6
415	0.077 6	0.002 2	0.371 3	0.172 1	0.004 8	0.823 1
420	0.134 4	0.004 0	0.645 6	0.171 4	0.005 1	0.823 5
425	0.214 8	0.007 3	1.039 1	0.170 3	0.005 8	0.823 9
430	0.283 9	0.011 6	1.385 6	0.168 9	0.006 9	0.824 2
435	0.328 5	0.016 8	1.623 0	0.166 9	0.008 6	0.824 5
440	0.348 3	0.023 0	1.747 1	0.164 4	0.010 9	0.824 7
445	0.348 1	0.029 8	1.782 6	0.161 1	0.013 8	0.825 1
450	0.336 2	0.038 0	1.772 1	0.156 6	0.017 7	0.825 7
455	0.318 7	0.048 0	1.744 1	0.151 0	0.022 7	0.826 3
460	0.290 8	0.060 0	1.669 2	0.144 0	0.029 7	0.826 3
465	0.251 1	0.073 9	1.528 1	0.135 5	0.039 9	0.824 6
470	0.195 4	0.091 0	1.287 6	0.124 1	0.057 8	0.818 1
475	0.142 1	0.112 6	1.041 9	0.109 6	0.086 8	0.803 6
480	0.095 6	0.139 0	0.813 0	0.091 3	0.132 7	0.776 0
485	0.058 0	0.169 3	0.616 2	0.068 7	0.200 7	0.730 6
490	0.032 0	0.208 0	0.465 2	0.045 4	0.295 0	0.659 6
495	0.014 7	0.258 6	0.353 3	0.023 5	0.412 7	0.563 8
500	0.004 9	0.323 0	0.272 0	0.008 2	0.538 4	0.453 4
505	0.002 4	0.407 3	0.212 3	0.003 9	0.654 8	0.341 3
510	0.009 3	0.503 0	0.158 2	0.013 9	0.750 2	0.235 9
515	0.029 1	0.608 2	0.111 7	0.038 9	0.812 0	0.149 1
520	0.063 3	0.710 0	0.078 2	0.074 3	0.833 8	0.091 9
525	0.109 6	0.793 2	0.057 3	0.114 2	0.826 2	0.059 6
530	0.165 5	0.862 0	0.042 2	0.154 7	0.805 9	0.039 4
535	0.225 7	0.914 9	0.029 8	0.192 9	0.781 6	0.025 5
540	0.290 4	0.954 0	0.020 3	0.229 6	0.754 3	0.016 1
545	0.359 7	0.980 3	0.013 4	0.265 8	0.724 3	0.009 9
550	0.433 4	0.995 0	0.008 7	0.301 6	0.692 3	0.006 1
555	0.512 1	1.000 0	0.005 7	0.337 3	0.658 9	0.003 8
560	0.594 5	0.995 0	0.003 9	0.373 1	0.624 5	0.002 4
565	0.678 4	0.978 6	0.002 7	0.408 7	0.589 6	0.001 7
570	0.762 1	0.952 0	0.002 1	0.444 1	0.554 7	0.001 2
575	0.842 5	0.915 4	0.001 0	0.478 8	0.520 2	0.001 0
580	0.916 3	0.870 0	0.001 7	0.512 5	0.486 6	0.000 9

λ/nm	光谱三刺激值			色度坐标		
	$\bar{x}(\lambda)$	$\bar{y}(\lambda)$	$\bar{z}(\lambda)$	$x(\lambda)$	$y(\lambda)$	$z(\lambda)$
585	0.978 6	0.816 3	0.001 4	0.544 8	0.454 4	0.000 8
590	1.026 3	0.757 0	0.001 1	0.575 2	0.424 2	0.000 6
595	1.056 7	0.694 9	0.001 0	0.602 9	0.396 5	0.000 6
600	1.052 2	0.613 0	0.000 8	0.627 0	0.372 5	0.000 5
605	1.045 6	0.566 8	0.000 6	0.648 2	0.351 4	0.000 4
610	1.002 6	0.503 0	0.000 3	0.665 8	0.334 0	0.000 2
615	0.938 4	0.441 2	0.000 2	0.680 1	0.319 7	0.000 2
620	0.854 4	0.381 0	0.000 2	0.691 5	0.308 3	0.000 2
625	0.751 4	0.321 0	0.000 1	0.700 6	0.299 3	0.000 1
630	0.642 4	0.265 0	0.000 0	0.707 9	0.292 0	0.000 1
635	0.541 9	0.217 0	0.000 0	0.714 0	0.285 9	0.000 1
640	0.447 9	0.175 0	0.000 0	0.721 9	0.280 9	0.000 1
645	0.360 8	0.138 2	0.000 0	0.723 0	0.277 0	0.000 0
650	0.283 5	0.107 0	0.000 0	0.726 0	0.274 0	0.000 0
655	0.218 7	0.081 6	0.000 0	0.728 3	0.271 7	0.000 0
660	0.164 9	0.061 0	0.000 0	0.730 0	0.270 0	0.000 0
665	0.121 2	0.044 6	0.000 0	0.731 1	0.268 9	0.000 0
670	0.087 4	0.032 0	0.000 0	0.732 0	0.268 0	0.000 0
675	0.063 6	0.023 2	0.000 0	0.732 7	0.267 3	0.000 0
680	0.046 8	0.017 0	0.000 0	0.733 4	0.266 6	0.000 0
685	0.032 9	0.011 9	0.000 0	0.734 0	0.266 0	0.000 0
690	0.022 7	0.008 2	0.000 0	0.734 4	0.265 6	0.000 0
695	0.015 8	0.005 7	0.000 0	0.734 6	0.265 4	0.000 0
700	0.011 4	0.004 1	0.000 0	0.734 7	0.265 3	0.000 0
705	0.008 1	0.002 9	0.000 0	0.734 7	0.265 3	0.000 0
710	0.005 8	0.002 1	0.000 0	0.734 7	0.265 3	0.000 0
715	0.004 1	0.001 5	0.000 0	0.734 7	0.265 3	0.000 0
720	0.002 9	0.001 0	0.000 0	0.734 7	0.265 3	0.000 0
725	0.002 0	0.000 7	0.000 0	0.734 7	0.265 3	0.000 0
730	0.001 4	0.000 5	0.000 0	0.734 7	0.265 3	0.000 0
735	0.001 0	0.000 5	0.000 0	0.734 7	0.265 3	0.000 0
740	0.000 7	0.000 2	0.000 0	0.734 7	0.265 3	0.000 0
745	0.000 5	0.000 2	0.000 0	0.734 7	0.265 3	0.000 0
750	0.000 3	0.000 1	0.000 0	0.734 7	0.265 3	0.000 0
755	0.000 2	0.000 1	0.000 0	0.734 7	0.265 3	0.000 0
760	0.000 2	0.000 1	0.000 0	0.734 7	0.265 3	0.000 0
765	0.000 1	0.000 0	0.000 0	0.734 7	0.265 3	0.000 0
770	0.000 1	0.000 0	0.000 0	0.734 7	0.265 3	0.000 0
775	0.000 1	0.000 0	0.000 0	0.734 7	0.265 3	0.000 0
780	0.000 0	0.000 0	0.000 0	0.734 7	0.265 3	0.000 0

按 5 nm 间隔求和：$\sum \bar{x}(\lambda) = 21.371\,4$；　$\sum \bar{y}(\lambda) = 21.371\,1$；　$\sum \bar{z}(\lambda) = 21.371\,5$

附录Ⅲ　CIE 1931-RGB 补充标准色度观察者光谱三刺激值

$\bar{\nu}/(cm^{-1})$	$\bar{r}_{10}(\bar{\nu})$	$\bar{g}_{10}(\bar{\nu})$	$\bar{b}_{10}(\bar{\nu})$
27 750	0. 000 000 079 1	−0. 000 000 021 447	0. 000 000 307 299
27 500	0. 000 000 298 91	−0. 000 000 081 25	0. 000 001 164 75
27 250	0. 000 001 083 48	−0. 000 000 295 33	0. 000 004 237 33
27 000	0. 000 003 752 2	−0. 000 001 027 1	0. 000 014 750 6
26 750	0. 000 012 377 6	−0. 000 003 405 7	0. 000 048 982
26 500	0. 000 038 728	−0. 000 010 728	0. 000 154 553
26 250	0. 000 114 541	−0. 000 032 004	0. 000 462 055
26 000	0. 000 319 05	−0. 000 090 06	0. 001 303 50
25 750	0. 000 832 16	−0. 000 238 07	0. 003 457 02
25 500	0. 002 016 85	−0. 000 588 13	0. 008 577 76
25 250	0. 004 523 3	−0. 001 351 9	0. 019 831 5
25 000	0. 009 328 3	−0. 002 877 0	0. 042 505 7
24 750	0. 017 611 6	−0. 005 620 0	0. 084 040 2
24 500	0. 030 120	−0. 010 015	0. 152 451
24 250	0. 045 571	−0. 016 044	0. 251 453
24 000	0. 060 154	−0. 022 951	0. 374 271
23 750	0. 071 261	−0. 029 362	0. 514 950
23 500	0. 074 212	−0. 032 793	0. 648 306
23 250	0. 068 535	−0. 032 357	0. 770 262
23 000	0. 055 848	−0. 027 996	0. 883 628
22 750	0. 033 049	−0. 017 332	0. 965 742
22 500	0. 000 00	0. 000 000	1. 000 000
22 250	−0. 041 570	0. 024 936	0. 987 224
22 000	−0. 088 073	0. 057 100	0. 942 474
21 750	−0. 143 959	0. 099 886	0. 863 537
21 500	−0. 207 995	0. 150 955	0. 762 081
21 250	−0. 285 499	0. 218 942	0. 630 116
21 000	−0. 346 240	0. 287 846	0. 469 818
20 750	−0. 388 289	0. 357 723	0. 333 077
20 500	−0. 426 587	0. 435 138	0. 227 060
20 225	−0. 435 789	0. 513 218	0. 151 027
20 000	−0. 438 549	0. 614 637	0. 095 840
19 750	−0. 404 927	0. 720 251	0. 057 654
19 500	−0. 333 995	0. 830 003	0. 029 877
19 250	0. 201 889	0. 933 227	0. 012 874
19 000	0. 000 00	1. 000 000	0. 000 000
18 750	0. 255 754	1. 042 957	−0. 008 854
18 500	0. 556 022	1. 061 343	−0. 014 341
18 250	0. 904 637	1. 031 339	−0. 017 422
18 000	1. 314 803	0. 976 838	−0. 018 644
17 750	1. 770 322	0. 887 915	−0. 017 338
17 500	2. 236 809	0. 758 780	−0. 014 812

$\bar{\nu}\,/(\mathrm{cm}^{-1})$	$\bar{r}_{10}\,(\bar{\nu})$	$\bar{g}_{10}\,(\bar{\nu})$	$\bar{b}_{10}\,(\bar{\nu})$
172 50	2. 641 981	0. 603 012	$-$0. 011 771
170 00	3. 002 291	0. 452 300	$-$0. 008 829
167 50	3. 159 249	0. 306 869	$-$0. 005 990
165 00	3. 064 234	0. 184 057	$-$0. 003 593
162 50	2. 717 232	0. 094 470	$-$0. 001 844
160 00	2. 191 156	0. 041 693	$-$0. 000 815
157 50	1. 566 864	0. 013 407	$-$0. 000 262
155 00	1. 000 000	0. 000 000	0. 000 000
152 50	0. 575 756	$-$0. 002 747	0. 000 054
150 00	0. 296 964	$-$0. 002 029	0. 000 040
147 50	0. 138 738	$-$0. 001 116	0. 000 022
145 00	0. 060 220 9	$-$0. 000 513 0	0. 000 100
142 50	0. 024 772 4	$-$0. 000 215 2	0. 000 004 2
140 00	0. 009 763 19	$-$0. 000 082 77	0. 000 001 62
137 50	0. 003 753 28	$-$0. 000 030 12	0. 000 000 59
135 00	0. 001 419 08	$-$0. 000 010 51	0. 000 000 21
132 50	0. 000 533 169	$-$0. 000 003 543	0. 000 000 069
130 00	0. 000 199 730	$-$0. 000 001 144	0. 000 000 022
127 50	0. 000 074 352 2	$-$0. 000 000 347 2	0. 000 000 006 8
125 00	0. 000 027 650 6	$-$0. 000 000 096 1	0. 000 000 001 9
122 50	0. 000 010 212 3	$-$0. 000 000 022 0	0. 000 000 000 4

注:表中 ν 为波数,与波长的换算关系为 $\lambda = \dfrac{1}{\nu}$。

附录Ⅳ CIE 1964-XYZ 补充标准色度观察者光谱三刺激值和色度坐标

λ/nm	光谱三刺激值			色度坐标		
	$\bar{x}_{10}(\lambda)$	$\bar{y}_{10}(\lambda)$	$\bar{z}_{10}(\lambda)$	$x_{10}(\lambda)$	$y_{10}(\lambda)$	$z_{10}(\lambda)$
380	0.000 2	0.000 0	0.000 7	0.181 3	0.019 7	0.799 0
385	0.000 7	0.000 1	0.002 9	0.180 9	0.019 5	0.799 6
390	0.002 4	0.000 3	0.010 5	0.180 3	0.019 4	0.800 3
395	0.007 2	0.000 8	0.032 3	0.179 5	0.019 0	0.801 5
400	0.019 1	0.002 0	0.086 0	0.178 4	0.018 7	0.802 9
405	0.043 4	0.004 5	0.197 1	0.177 1	0.018 4	0.804 5
410	0.084 7	0.008 8	0.389 4	0.175 5	0.018 1	0.806 4
415	0.140 6	0.014 5	0.656 8	0.173 2	0.017 8	0.809 0
420	0.204 5	0.021 4	0.972 5	0.170 6	0.017 9	0.811 5
425	0.264 7	0.029 5	1.282 5	0.167 9	0.018 7	0.813 4
430	0.314 7	0.038 7	1.553 5	0.165 0	0.020 3	0.811 5
435	0.357 7	0.049 6	1.798 5	0.162 2	0.022 5	0.815 3
440	0.383 7	0.062 1	1.967 3	0.159 0	0.025 7	0.815 3
445	0.386 7	0.074 7	2.027 3	0.155 4	0.030 0	0.814 5
450	0.370 7	0.089 5	1.994 3	0.151 0	0.036 4	0.812 6
455	0.343 1	0.106 3	1.900 7	0.145 9	0.045 2	0.803 8
460	0.302 3	0.128 2	1.745 4	0.168 9	0.058 9	0.802 2
465	0.254 1	0.152 8	1.554 9	0.129 5	0.077 9	0.792 6
470	0.195 6	0.185 2	1.317 6	0.115 2	0.109 0	0.775 8
475	0.132 3	0.219 9	1.030 2	0.095 7	0.159 1	0.745 2
480	0.080 5	0.253 6	0.772 1	0.072 8	0.229 2	0.698 0
485	0.041 1	0.297 7	0.570 1	0.045 2	0.327 5	0.627 3
490	0.016 2	0.339 1	0.415 3	0.021 0	0.440 1	0.538 9
495	0.005 1	0.395 4	0.302 4	0.007 3	0.562 5	0.430 2
500	0.003 8	0.460 8	0.218 5	0.005 6	0.674 5	0.319 9
505	0.015 4	0.531 4	0.159 2	0.021 9	0.752 6	0.225 6
510	0.037 5	0.606 7	0.112 0	0.049 5	0.802 3	0.148 2
515	0.071 4	0.685 7	0.082 2	0.085 0	0.817 0	0.098 0
520	0.117 7	0.761 8	0.060 7	0.125 2	0.810 2	0.064 6
525	0.173 0	0.823 3	0.043 1	0.166 4	0.792 2	0.041 4
530	0.230 5	0.875 2	0.030 5	0.207 1	0.766 3	0.026 7
535	0.304 2	0.923 8	0.020 6	0.243 6	0.739 9	0.016 5
540	0.376 8	0.962 0	0.013 7	0.278 6	0.711 3	0.010 1
545	0.451 6	0.982 2	0.007 9	0.313 2	0.681 3	0.005 5
550	0.529 8	0.991 8	0.004 0	0.347 3	0.650 1	0.002 6
555	0.616 1	0.999 1	0.001 1	0.381 2	0.618 2	0.000 7
560	0.705 2	0.997 3	0.000 0	0.414 6	0.585 8	0.000 0
565	0.793 8	0.982 4	0.000 0	0.446 9	0.553 1	0.004 4
570	0.878 7	0.955 6	0.000 0	0.479 0	0.521 0	0.004 0
575	0.951 2	0.915 2	0.000 0	0.509 6	0.490 4	0.003 4
580	1.014 2	0.869 8	0.000 0	0.538 6	0.461 4	0.002 8

λ/nm	光谱三刺激值			色度坐标		
	$\bar{x}_{10}(\lambda)$	$\bar{y}_{10}(\lambda)$	$\bar{z}_{10}(\lambda)$	$x_{10}(\lambda)$	$y_{10}(\lambda)$	$z_{10}(\lambda)$
585	1. 074 3	0. 825 6	0. 000 0	0. 565 4	0. 434 6	0. 002 3
590	1. 118 5	0. 777 4	0. 000 0	0. 590 0	0. 410 0	−0. 001 9
595	1. 134 3	0. 720 4	0. 000 0	0. 611 6	0. 388 4	−0. 001 5
600	1. 124 0	0. 653 7	0. 000 0	0. 630 6	0. 369 4	−0. 001 2
605	1. 089 1	0. 593 9	0. 000 0	0. 647 1	0. 352 9	−0. 000 9
610	1. 030 5	0. 528 0	0. 000 0	0. 661 2	0. 338 8	−0. 000 8
615	0. 950 7	0. 461 8	0. 000 0	0. 673 1	0. 326 9	−0. 000 6
620	0. 856 3	0. 398 1	0. 000 0	0. 682 7	0. 317 3	−0. 000 5
625	0. 754 9	0. 339 6	0. 000 0	0. 689 8	0. 310 2	−0. 000 4
630	0. 647 5	0. 283 5	0. 000 0	0. 695 5	0. 304 5	−0. 000 3
635	0. 535 1	0. 228 3	0. 000 0	0. 701 0	0. 299 0	−0. 000 2
640	0. 431 6	0. 179 8	0. 000 0	0. 705 9	0. 294 1	−0. 000 2
645	0. 343 7	0. 140 2	0. 000 0	0. 710 3	0. 289 8	−0. 000 2
650	0. 268 3	0. 107 6	0. 000 0	0. 713 7	0. 286 3	−0. 000 1
655	0. 204 3	0. 081 2	0. 000 0	0. 715 6	0. 284 4	−0. 000 1
660	0. 152 6	0. 060 3	0. 000 0	0. 716 8	0. 283 2	−0. 000 1
665	0. 112 2	0. 044 1	0. 000 0	0. 717 9	0. 282 1	−0. 000 1
670	0. 081 3	0. 031 8	0. 000 0	0. 718 7	0. 2813	−0. 000 1
675	0. 057 9	0. 022 6	0. 000 0	0. 719 3	0. 280 7	0. 000 0
680	0. 040 9	0. 015 9	0. 000 0	0. 718 9	0. 280 2	0. 000 0
685	0. 028 6	0. 011 1	0. 000 0	0. 720 0	0. 280 0	0. 000 0
690	0. 019 9	0. 007 7	0. 000 0	0. 720 2	0. 279 8	0. 000 0
695	0. 013 8	0. 005 4	0. 000 0	0. 720 3	0. 279 7	0. 000 0
700	0. 009 6	0. 003 7	0. 000 0	0. 720 4	0. 279 6	0. 000 0
705	0. 006 6	0. 002 6	0. 000 0	0. 720 3	0. 279 7	0. 000 0
710	0. 004 6	0. 001 8	0. 000 0	0. 720 2	0. 279 8	0. 000 0
715	0. 003 1	0. 001 2	0. 000 0	0. 720 1	0. 279 9	0. 000 0
720	0. 002 2	0. 000 8	0. 000 0	0. 719 9	0. 280 1	0. 000 0
725	0. 001 5	0. 000 6	0. 000 0	0. 719 7	0. 280 3	0. 000 0
730	0. 001 0	0. 000 4	0. 000 0	0. 719 5	0. 280 6	0. 000 0
735	0. 000 7	0. 000 3	0. 000 0	0. 719 2	0. 280 8	0. 000 0
740	0. 000 5	0. 000 2	0. 000 0	0. 718 9	0. 281 1	0. 000 0
745	0. 000 4	0. 000 1	0. 000 0	0. 718 6	0. 281 4	0. 000 0
750	0. 000 3	0. 000 1	0. 000 0	0. 718 3	0. 281 7	0. 000 0
755	0. 000 2	0. 000 1	0. 000 0	0. 718 0	0. 282 0	0. 000 0
760	0. 000 1	0. 000 0	0. 000 0	0. 717 6	0. 282 4	0. 000 0
765	0. 000 1	0. 000 0	0. 000 0	0. 717 2	0. 000 0	0. 000 0
770	0. 000 1	0. 000 0	0. 000 0	0. 716 1	0. 283 9	0. 000 0
775	0. 000 0	0. 000 0	0. 000 0	0. 716 5	0. 283 5	0. 000 0
780	0. 000 0	0. 000 0	0. 000 0	0. 716 1	0. 283 9	0. 000 0

参 考 文 献

［1］董振礼,郑宝海,刘建勇,等.测色与计算机配色［M］. 2 版. 北京:中国纺织出版社,2010.

［2］杨晓红.测色配色应用技术［M］. 北京:中国纺织出版社,2010.

［3］曾林泉.印染配色仿样技术［M］. 北京:化学工业出版社,2010.

［4］薛朝华.颜色科学与计算机测色配色实用技术［M］.北京:化学工业出版社,2004.

［5］何国兴.颜色科学［M］.上海:东华大学出版社,2004.

［6］金远同,李勤,黄唯炜,等.测色配色 CAD 应用手册［M］.北京:中国纺织出版社,2001.

［7］汤顺青.色度学［M］.北京:北京理工大学出版社,1994.

［8］宋秀芬.印染 CAD/CAM.北京:中国纺织出版社,2009.

［9］刘浩学.色彩管理［M］.北京:电子工业出版社,2005.

［10］李小梅.颜色技术原理［M］.北京:化学工业出版社,2002.

［11］Datacolor 公司.Datacolor 测色软件操作说明书.

［12］Datacolor 公司.Datacolor 配色软件操作说明书.